TEMA 41
INVERTEBRADOS ARTRÓPODOS. INSECTOS, CRUSTÁCEOS, ARÁCNIDOS Y MIRIÁPODOS. ESPECIES REPRESENTATIVAS DE NUESTRA FAUNA. IMPORTANCIA ECONÓMICA, SANITARIA Y ALIMENTICIA.

0. Introducción
1. Características generales de los artrópodos
2. Los insectos
3. Los crustáceos
4. Los arácnidos
5. Los miriápodos
6. Especies representativas de nuestra fauna
7. Importancia económica, sanitaria y alimentaria
8. Conclusión

0. INTRODUCCIÓN

En este tema vamos a estudiar a los artrópodos, un grupo de invertebrados muy complejo y evolucionado. Aquí vamos a ver las características más importantes de grupos tales como los insectos, crustáceos, arácnidos y miriápodos, así como algunas de las especies más representativas de nuestra fauna.

Son muchas especies las que aquí se incluyen, y muchas formas de vida y adaptaciones que nos ocuparían una gran extensión si las tratáramos con detalle. Por estas razones, intentaremos hacer un resumen de los aspectos más importantes, excusando la posible falta de alguno de ellos.

Conocer bien estos grupos es de vital importancia tanto por las repercusiones sanitarias que tienen sobre el ser humano y sus animales y plantas, como por los beneficios económicos que se pueden obtener de ellos. También es necesario generar actitudes positivas para su buena conservación y explotación sostenible.

Para la exposición de este tema seguiré el siguiente orden... (es muy conveniente exponer con claridad, aquí al principio, el orden que se va a seguir, leer el índice de una forma ágil)

1. CARACTERÍSTICAS GENERALES DE LOS ARTRÓPODOS

1.1. Aspectos básicos comunes de los artrópodos

Los artrópodos, u organismos con "patas articuladas", es sin duda, el filo de animales más abundante, con alrededor de un millón de especies y gran diversidad en cuanto a formas y modos de vida. Son organismos activos y vigorosos, que viven en todos los ambientes y presentan todos los tipos de alimentación animal. Su origen se remonta al Cámbrico o, incluso antes.

Los artrópodos los podemos caracterizar por una serie de aspectos:

- presentan simetría bilateral y cuerpo metamérico dividido en **tagmas**: cabeza, tronco y abdomen.

- tienen apéndices articulados, un par por metámero originariamente, pero que pueden reducirse y modificarse.

- **exoesqueleto** cuticular formado por **quitina**, proteínas, lípidos y sales de calcio, que es secretado por la epidermis y que sufre periódicamente un proceso de muda o **ecdisis**.

- sistema muscular complejo que se fija al exoesqueleto, con músculos estriados, para acciones rápidas, y lisos, en las vísceras.

- el celoma está muy reducido, siendo la mayor parte del cuerpo hemocele.

- el sistema digestivo está completo, con aparatos bucales modificados a partir de apéndices que se han adaptado a diferentes métodos de alimentación.

- el sistema circulatorio es abierto, con un corazón contráctil dorsal, más arterias y hemocele, o senos sanguíneos. Presenta hemolinfa, que contiene pigmentos respiratorios (hemoglobina o hemocianina) disueltos o bien agrupados en células.

- la respiración se realiza por la superficie del cuerpo, por branquias, tráqueas o pulmones.

- existen glándulas secretoras pares repartidas por el cuerpo; algunas especies presentan también *tubos de Malpigio* como órganos secretores más especializados.

- el sistema nervioso es parecido al de los anélidos, con un cerebro dorsal más o menos complejo, un anillo periesofágico y cadenas nerviosas que recorren el cuerpo. También existe un sistema endocrino, con células neurosecretoras que producen hormonas, como la del crecimiento o la de la muda.

- los sexos normalmente están separados, con órganos reproductores pares que tienen conductos propios para evacuar los productos sexuales. La fecundación suele ser interna. Pueden ser ovíparos u ovovivíparos. También pueden darse caso de reproducción asexual. Tras la eclosión de la larva, puede darse un proceso de metamorfosis para llegar a los estadios adultos.

1.2. Éxito evolutivo de los artrópodos

Los artrópodos constituyen un grupo de animales muy curioso que, desde su origen, se han ido desarrollando y diferenciando en una gran variedad de especies muy diversas, pero con una serie de características comunes, que les han permitido conseguir este gran éxito evolutivo. Estas se resumirían en las siguientes:

- **Presencia de un exoesqueleto muy adaptable.** El esqueleto quitinoso da independencia del medio donde vive; puede presentar una gran variabilidad en cuanto a grosor, forma y constitución. Está formado por **escleritos** conectados entre sí por membranas. Puede presentar coloraciones físicas o químicas. Al ser rígido, necesita sufrir un proceso de **muda** que permita el crecimiento del organismo.

- **Segmentación y apéndices para una locomoción eficaz.** En cada metámero suelen existir un par de apéndices, que tienen músculos internos. Los apéndices se adaptan a diversas funciones y pueden ser nadadores, excavadores, bucales, reproductores, caminadores, saltadores...

- **Sistemas de ventilación muy eficaces.** Éstos conducen el aire directamente a las células, lo que permite un ritmo metabólico alto. Lo más característico son las tráqueas, aunque también pueden tener branquias, en los acuáticos, una especie de pulmones, en las arañas o, simplemente, pueden respirar por la piel en los que son de pequeño tamaño.

- **Órganos sensoriales muy desarrollados.** En los artrópodos encontramos ojos simples y compuestos, formados por la suma de unas unidades menores llamadas **omatidios**, sentidos del tacto, olfato, oído, equilibrio y receptores químicos.

- **Patrones de comportamiento muy complejos.** La conducta innata está muy desarrollada; aparte, también puede ser importante el aprendizaje en determinados grupos.

- **Uso de diversos recursos por medio de la metamorfosis.** La metamorfosis produce cambios profundos en los estadios juveniles para convertirse en adultos y, entre ellos, la forma de alimentarse. Esto permite que las formas juveniles y adultas exploten recursos y nichos diferentes, lo que da lugar a una mejor explotación del medio y evita la competencia entre ambas formas.

1.3. Clasificación general de los artrópodos

La clasificación de los artrópodos es difícil y algo confusa en algunos casos. Existen varias propuestas que varían según los autores. Aquí seguiremos la propuesta por Brusca en 1990. Este autor divide a los artrópodos en tres subfilos:

- **Subfilo Trilobites.** Estos artrópodos vivieron en el Cámbrico ya actualmente están todos extintos.

- **Subfilo Unirrámeos.** Son artrópodos mayoritariamente terrestres y no tienen los apéndices ramificados. Se dividen en muchas clases, algunas de las más importantes son:

- Clase Diplópodos: los milpiés.

- Clase Quilópodos: los ciempiés y escolopendras.

- Clase Paurópodos: son diminutos (menos de 2 mm) y primitivos.

- Clase Sínfilos: son de pequeño tamaño (2 a 10 mm) y tienen una forma parecida a la de los ciempiés.

Estas cuatro clases se conocen, en conjunto, como **Miriápodos**.

- Clase Insectos: sin duda el grupo más abundante de artrópodos y el que más especializaciones ha adoptado.

- **Subfilo Crustáceos**. Se caracterizan por tener apéndices ramificados y branquias, así como la cabeza y el tórax fusionados formando una estructura llamada cefalotórax. Este filo, junto con el siguiente, los Unirrámeos, forman un grupo llamado *Mandibulados*, por presentar mandíbulas. Incluye varias clases como ya veremos más adelante.

- **Subfilo Quelicerados**. Estos presentan quelíceros, que son unas estructuras del aparato masticador en forma de uña. Aquí se incluyen tres clases:

- Clase Merostomados: el más conocido es el cangrejo de las Molucas. Son muy escasos.

- Clase Picnogónidos: son las arañas de mar, generalmente de pequeño tamaño, por lo que pasan bastante desapercibidos.

- Clase Arácnidos: aquí se incluyen a las arañas y escorpiones, muchos de ellos venenosos.

2. LOS INSECTOS

Los insectos incluyen a una sola clase de artrópodos. Con sus alrededor de 900.000 especies, son los artrópodos más abundantes. Han dado lugar, incluso, a una ciencia propia, la *Entomología*.

Viven en prácticamente todos los ambientes, a excepción del mar. Son los únicos invertebrados que vuelan. Generalmente, presentan un tamaño pequeño, que les da una gran facilidad para ser transportados por el aire y el agua.

El cuerpo de un insecto está dividido en 21 segmentos, agrupados en tres regiones: cabeza, tórax y abdomen. Presentan 4 apéndices cefálicos, dos pares de alas y tres pares de apéndices torácicos. En algunos grupos de insectos pueden existir también apéndices abdominales.

La *cabeza* está formada, en realidad, por 7 segmentos fusionados. Presenta una abertura donde se insertan los apéndices bucales, que suelen ser característicos de cada grupo: masticador (en escarabajos y saltamontes), lamedor (en abejas y hormigas), chupador-lamedor (en mariposas), picador-chupador (en moscas y mosquitos), etc. La cabeza suele presentar dos grandes ojos compuestos por omatidios, pero también varios ocelos, que detectan la intensidad de luz. Una cabeza genérica de un insecto presenta dos *antenas*, dos *mandíbulas*, dos *maxilas*, un *labro o labio superior*, un *labio inferior* y dos *palpos labiales*.

El *tórax* se divide en tres partes: el *protórax*, con dos apéndices locomotores, el *mesotórax*, con dos apéndices locomotores y un par de alas, y el *metatórax*, con dos apéndices locomotores más y otro par de alas. Un apéndice genérico está formado, de la base hacia el extremo, por una *coxa*, un *trocánter*, *fémur*, *tibia*, *metatarso*, *tarso* y *uñas*. Las alas se originan como expansiones laterales de la epidermis. Aunque son típicas de este grupo, pueden llegar a faltar.

El *abdomen* está compuesto por unos 12 segmentos más. Se suele dividir en tres regiones: *pregenital*, *genital* y *postgenital*. Pueden existir cercos en el último segmento, así como estructuras especiales para la ovoposición como son los **gonopodios**.

El *sistema digestivo* es el general de los artrópodos, con glándulas salivares, glándulas de la seda, etc. Lo mismo pasa con el *circulatorio*, que se adecua al modelo general de los artrópodos. La *excreción* se realiza mayoritariamente a través de los tubos de Malpigio.

La *respiración* se realiza por medio de tráqueas, que pueden dilatarse y formar sacos aéreos que reservan aire, ya sea para facilitar el vuelo, ya sea para utilizarlos como órganos de sonido.

El *sistema muscular* es el típico, más desarrollado en el tórax, donde se desarrolla en gran medida la musculatura del vuelo.

Sistema nervioso típico, con un sistema nervioso central y otro visceral. Los órganos de los sentidos son abundantes, pudiendo ser *antenas*, que actúan como órgano táctil y olfativo, *pelos táctiles*, *órganos del equilibrio*, audición por medio de *órganos cordotonales* y *timpánicos*, ojos y ocelos.

Respecto al *reproductor*, presentan una genitalia esclerosada. Los sexos están separados, con dimorfismo. No obstante, también se pueden dar casos de reproducción asexual por medio de *partenogénesis*. Pueden ser ovíparos, ovovivíparos e, incluso, vivíparos. La fecundación es interna. Una vez eclosionados los huevos, el desarrollo pasa por varias etapas: *larva*, *ninfa o pupa* e *imago o adulto*.

Los insectos se dividen en dos grandes subclases: la **subclase Apterigota**, que incluye a pocos organismos, primitivos y sin alas, y la **subclase Pterigota**, con alas y que contiene a la mayoría de insectos. Ésta última se divide en una gran cantidad de órdenes; algunos de los más representativos son:

- **O. Odonatos**. Las libélulas.

- **O. Isópteros**. Las termitas.

- **O. Homópteros**. Pulgones, insectos palo, cigarras, cochinillas...

- **O. Heterópteros**. Las chinches.

- **O. Ortópteros**. Saltamontes, langostas y grillos.

- **O. Mántidos**. La mantis.

- **O. Blátidos**. Las cucarachas.

- **O. Dermápteros**. Las tijeretas; presentan un fórceps al final del cuerpo.

- **O. Anopluros**. Los piojos; no tienen alas.

- **O. Sifonápteros**. Las pulgas; sin alas y con aparato picador; son vectores de enfermedades.

- **O. Lepidópteros**. Mariposas y polillas; presentan un aparato bucal chupador llamado espiritrompa.

- **O. Himenópteros**. Las hormigas, avispas y abejas.

- **O. Dípteros**. Moscas y mosquitos, segundo par de alas reducido y transformado en balancines.

- **O. Coleópteros**. Los escarabajos; el primer par de alas es duro y se transforma en **élitros**.

3. LOS CRUSTÁCEOS

Los crustáceos engloban a todo un subfilo de artrópodos. Éste lo constituyen unas 26.000 especies.

Los crustáceos se caracterizan por presentar una cabeza fusionada con el tórax formando el **cefalotórax**, que está cubierto por un **caparazón**. Éste está compuesto por 13 segmentos, y a cada uno de ellos le corresponde un par de apéndices. Así, encontramos dos pares de antenas, un par de mandíbulas, dos pares de maxilas, tres pares de maxilípedos y 5 pares de patas marchadoras (llamadas *pereiópodos*), pudiendo ser el primer par diferente al resto. El abdomen consta de 6 segmentos y 5 pares de patas nadadoras (el último no tiene), llamadas pleópodos. El cuerpo acaba en el telson, que es el último segmento. Los apéndices son primitivamente birrámeos en este grupo, pero luego pueden modificarse y transformarse en otras estructuras (branquias, por ejemplo) o, simplemente, desaparecer.

Al ser acuáticos, la *respiración* se realiza básicamente a través de las branquias, que suelen estar relacionadas con los apéndices. El *sistema excretor* está compuesto por *glándulas antenales* y *glándulas maxilares*.

El *sistema circulatorio* es el típico de los artrópodos, aunque puede faltar el corazón en los más simples. Como pigmentos respiratorios tiene hemoglobina y hemocianina.

El *digestivo* es típico, aunque puede tener el estómago dividido en varias cámaras y poseer ciertas estructuras especializadas en triturar el alimento.

El *sistema nervioso* se asemeja al modelo general de los artrópodos, aunque es frecuente la fusión de ganglios. Tienen órganos de los sentidos táctiles y químicos principalmente en antenas. Los ojos son compuestos y, en ocasiones, se encuentran pedunculados. También existen mecanorreceptores y órganos estáticos en la base de las antenas.

Los sexos suelen estar separados. Tras la eclosión del huevo se forma una larva **nauplius**, que tiene forma de pera y que es característica de este grupo. El desarrollo es directo, sin metamorfosis. También pueden darse procesos asexuales por medio de partenogénesis.

El subfilo Crustáceos se divide en tres grandes clases:

- **Clase Branquiópodos**. Son de pequeño tamaño, sin apéndices abdominales. Aquí se encuentran especies como la pulga de agua o la artemia.

- **Clase Maxilópodos**. Suelen tener un caparazón que los protege y segmentos del cuerpo reducidos. Entre ellos están los ostrácodos, copépodos, balanos y percebes.

- **Clase Malacostráceos**. Presentan una estructura bastante constante de 13 segmentos en el cefalotórax y 6 en el abdomen. Todos tienen también un caparazón que cubre el cefalotórax. Existen varios órdenes, pero entre ellos hemos de destacar el orden de los **decápodos**, que incluye la gran mayoría de especies comestibles de gambas y cangrejos.

4. LOS ARÁCNIDOS

Los arácnidos constituyen una clase, que se encuentra dentro del subfilo de los Quelicerados. Comprenden alrededor de 30.000 especies, todas ellas terrestres, aunque pueden pasar posteriormente al agua, y de hábitos carnívoros.

El cuerpo está dividido en dos regiones: el **prosoma**, que equivaldría al cefalotórax y que está cubierto por un escudo protector, y el **opistosoma**, que equivale al abdomen. En escorpiones y ácaros, no obstante, estas dos partes están unidas.

Respecto a los apéndices, en el prosoma encontramos dos **quelíceros** con *uñas* o *pinzas*, que actúan como inoculadores de veneno, *hiladeras*, para tejer la seda, o transportadores de masas espermáticas. También tiene dos **pedipalpos**, que pueden tener pinzas o tentáculos, o tener forma de aparato locomotor. A continuación, siguen cuatro pares de **patas locomotoras**. El opistosoma no tiene apéndices, y puede estar segmentado o no.

El *digestivo* tiene la particularidad de no disponer de ningún tipo de órgano masticador; el esófago es chupador y el estómago tiene ciegos gástricos.

El *circulatorio* es típico de los artrópodos, mientras que el *excretor* presenta *glándulas coxales* en la base de las patas, de carácter primitivo, y tubos de Malpigio, que acumulan sustancia de desecho y desembocan en el digestivo.

La *respiración* se lleva a cabo a través de la piel en los arácnidos de pequeño tamaño, como los ácaros, o a través de tráqueas, que pueden ser *dendrotráqueas* si tienen la forma típica ramificada, o *filotráqueas* si se encuentran aplanadas y apiladas en forma de libro.

El *sistema nervioso* es típico de los artrópodos. Como órganos sensoriales especiales tienen ojos simples, en número de 6 a 8.

Respecto al *reproductor*, presentan ovarios soldados y receptáculos seminales, donde se guarda el semen del macho. Son dioicos con dimorfismo sexual. Pueden ser ovíparos o vivíparos. También pueden darse procesos de partenogénesis, sobre todo en los ácaros. También pueden darse cuidados postnatales. En general, el comportamiento sexual es bastante complejo.

La clase Arácnidos se divide en varios órdenes, los más importantes de los cuales son los siguientes:

- **O. Escorpiones**. Estos arácnidos presentan un escudo no segmentado; la parte posterior del opistosoma se ha diferenciado en una cola con un aguijón venenoso al final.

- **O. Pseudoescorpiones**. Son de pequeño tamaño, con pinzas como los escorpiones, pero con un cuerpo compacto de una sola pieza.

- **O. Ácaros**. Son muy pequeños, con prosoma y opistosoma soldados.

- **O. Solífugos**. Son pequeños arácnidos de vida libre. Tiene el prosoma dividido en segmentos y pedipalpos acabados en ventosa.

- **O. Araneidos**. Incluye todas las arañas. Tienen prosoma y opistosoma separados, uñas en patas y quelíceros cortos y con veneno. También presentan glándulas de la seda.

5. LOS MIRIÁPODOS

Los miriápodos no forman un grupo natural, sino que lo componen cuatro clases del subfilo Unirrámeos: los *diplópodos*, los *quilópodos*, los *paurópdos* y los *sínfilos*. En este apartado profundizaremos en las dos primeras, que son las más importantes y conocidas.

La estructura general del cuerpo de todos ellos está constituida por dos tagmas, la **cabeza** y el **tronco**, con apéndices pares en todos los metámeros, en términos generales.

En la *cabeza* suelen presentar un par de antenas, un par de mandíbulas y uno o dos pares de maxilas; éstas últimas pueden presentar uñas venenosas. El *cuerpo* está compuesto por una gran cantidad de segmentos, cada uno de ellos con apéndices unirrámeos. La respiración es traqueal.

CLASE QUILÓPODOS

Este grupo incluye a los ciempiés y escolopendras. Presentan un cuerpo aplanado, compuesto de hasta 100 metámeros, con patas articuladas en cada uno de ellos (menos en el primero y en los dos últimos).

El apéndice del primer segmento, que forma el maxilípedo, presenta uñas venenosas. Tiene dos antenas y uno o dos pares de maxilas. Los ojos están formados por la unión de varios ocelos, pero nunca presentan un ojo compuesto.

Tienen tubos de Malpigio y glándulas salivares. El *sistema nervioso* es típico. El *corazón* es alargado y presenta dos arterias por metámero y ostiolos.

Los sexos están separados y las gónadas suelen ser impares. Pueden ser ovíparos o vivíparos y el desarrollo es directo.

Viven en lugares húmedos y son carnívoros.

CLASE DIPLÓPODOS

Son los milpiés y algunos tipos de cochinillas de la humedad. Tienen el cuerpo cilíndrico, con metámeros fusionados de dos en dos; por esta razón se encuentran dos pares de patas por metámero. Tienen dos antenas y dos grupos de ojos simples.

Los apéndices del séptimo segmento están transformados en gonopodios. Los huevos suelen depositarlos en nidos construidos por ellos mismos. El crecimiento de las formas larvarias se produce por incremento del número de segmentos conforme van madurando.

Estos animales pueden poseer, además, **glándulas repugnatorias** que son utilizadas para espantar a posibles depredadores.

6. ESPECIES REPRESENTATIVAS DE NUESTRA FAUNA

INSECTOS

Como ya hemos comentado, los insectos constituyen un grupo muy numeroso de especies. Muchas de ellas son muy conocidas por todos y otras, en cambio, aunque son tan habituales como las otras pasan más desapercibidas. Vamos a nombrar algunas de las más representativas.

El grupo de los apterigotas (sin alas), encontramos un orden llamado Tisanuros, que contienen a los famosos pececillos de planta que merodean por nuestras casas.

En los pterigotas, en cambio, hallamos una gran variedad de especies conocidas como las libélulas, que pertenecen a varias especies, las termitas (*Reticulotermis lucifugus*), los insectos palo, pulgones (*Philloxena vitifoliae*), las chinches, los zapateros de agua, saltamontes, langostas, grillos, *Gryllus campestris*, mantis, cucarachas (como la cucaracha negra, *Blatta orientalis*, que es muy frecuente en nuestras casas), tijeretas, género *Forcicula*, piojos del pelo (*Pediculus humanus*), pulgas (*Pulex irritans*), mariposas (la esfinge de la calavera, *Acherontia atropos*, la de la seda, *Bombyx mori*, la macaón, *Papilio machaon*, etc.), mocas (como la mosca común, *Musca domestica*, y la mosca de la fruta, *Drosophila melanogaster*), el mosquito (géneros *Anopheles*, *Aedes*), escarabajos (ciervo volante, *Lucanus cervus*, el escarabajo pelotero, *Scarabaeus sacer*, el de la harina, *Tenebrio molitor*, las mariquitas, género *Coccinella*, las luciérnagas, *Lamyiris noctiluca*), y un largo etcétera.

CRUSTÁCEOS

Los crustáceos, como ya hemos comentado, son artrópodos principalmente acuáticos, y que son muy conocidos por todos por su apreciada carne y sabor. Entre ellos destacamos algunos de los más representativos.

En las aguas continentales podemos hallar algunas especies de crustáceos bastante comunes. Empezando por los más sencillos, en muchas charcas temporales de nuestro país se pueden encontrar artemias (*Artemia salina*), un crustáceo muy simple. También es fácil encontrar pulgas de agua (*Daphnia pulex* y *D. longispina*) y ostrácodos, con sus dos valvas características. También podemos encontrar anfípodos del género *Gammarus*, en aguas limpias y corrientes, y cangrejos en los cauces de muchos ríos; aquí hay que distinguir entre el cangrejo autóctono (*Austropotamobius pollipes*) y el cangrejo rojo americano (*Procambarus clarkii*), un invasor que ha desplazado a muchas poblaciones autóctonas.

En las aguas costeras hallamos una gran variedad de crustáceos. En las rocas es fácil encontrar balanos (género Balanus) y, en algunas zonas, también percebes (*Pollicipes cornucopia*). En los fondos arenosos podemos hallar especies como el bogavante (*Homarus gammarus*), la cigala (Nephrops), la galera (*Squilla mantis*), la langosta (*Palinurus elephas*), el cangrejo de sopa (*Macropipus sp.*), el buey (*Cancer pagurus*) o el cangrejo real (*Calappa granulata*); y ya más en aguas abiertas otras especies como el camarón (*Palaemon sp.*), el langostino (*Panaeus sp.*) o la gamba roja (*Aristeus antenatus*).

ARÁCNIDOS

Los arácnidos los encontramos principalmente en ambientes terrestres. En la península podemos encontrar especies como el escorpión amarillo (*Buthus occitanus*), que vive en lugares seco y soleados, pseudoscopiones (género *Chelifer*), que se hallan en el interior de casas y almacenes donde abunda el polvo, arañas como la araña lobo (*Lycosa tarantula*), la araña de gardín (*Araneus diadematus*), la araña del polvo (*Tegenaria sp.*) o los opiliones (como los del género *Trogulus*). También hay parásitos importantes como los ácaros de las gallinas (*Dermanysus gallinae*) y de las palomas (*D. columbae*) la garrapata (*Ixodes ricinus*) o el ácaro de la sarna (*Sarcoptes scabiei*); otros ácaros simplemente son habitantes cotidianos de nuestras casas, como el ácaro del polvo (*Dermatophagoides farinae*).

MIRIÁPODOS

Los miriápodos son animales fáciles de encontrar en el campo, frecuentemente bajo piedras, como es el caso de la escolopendra (*Scolpendra cingulata*), el ciempiés común (*Scutigera sp.*), las cochinillas de la humedad (género *Glomeris*) o los milpiés (como los del género *Acipes*).

7. IMPORTANCIA ECONÓMICA, SANITARIA Y ALIMENTARIA

Al ser un grupo muy numeroso y haber colonizado ambientes muy diversos, los artrópodos presentan una gran diversidad en cuanto a forma y función. Por ello, hay grupos que son utilizados como una fuente de alimento importante, mientras que otros son vectores de enfermedades o causantes de ellas. También actúan sobre las poblaciones cultivadas y el ganado, lo que puede causas importantes pérdidas económicas. Veamos algunos aspectos más concretos sobre esto.

7.1. Importancia económica

Los *insectos* son animales omnipresentes en los campos y bosques. Algunos de ellos pueden representar una plaga en los mismos cultivos. Este es el caso de los pulgones, las cochinillas y las cigarras, que pueden alterar cultivos de manera considerable. Otras especies afectan a plantas de interior, como el minador (*Phyllonictis sp.*) o el barrenador de los geranios (*Cacyreus sp.*).

No obstante, también hay especies que tienen un gran interés económico por los productos que generan, como la abeja de la miel (*Apis mellifera*), el gusano de la seda (*Bombyx mori*) o ciertas especies de cochinillas que generan pigmentos. Otras son importantes en investigación, como la mosca *Drosophila* o el escarabajo *Tenebrio*.

Los *crustáceos*, por su parte, tienen una gran importancia en la economía de muchos países, pues su pesca y recolección generan importantes beneficios por ser un pilar de la alimentación importante, como veremos más adelante. Otros, son importantes como alimento de especies acuáticas, ya sea de especies cultivadas o de peces y otros animales de acuario; aquí destacamos la artemia, la pulga de agua (*Daphnia*) o el *Gammarus*. Por otro lado, pueden ser también importantes desde un punto de vista aplicado, pues algunos de ellos se llegan a utilizar como indicadores de calidad de las aguas.

Los *arácnidos* y *miriápodos* tienen poca importancia económica. Un cierto interés pueden tener, no obstante, aquéllas especies depredadoras que eliminan parásitos de cultivos o posibles vectores de enfermedades.

7.2. Importancia sanitaria

Los *insectos* son muy importantes en sanidad. Pueden actuar como vectores de enfermedades, como las cucarachas, mosquitos (como *Anopheles*, vector de la malaria) y moscas (como Glossina, más conocida como mosca tse-tse, vector de la enfermedad del sueño). También pueden ser parásitos directos, como es el caso de los piojos, las pulgas o las chinches, pero a la vez también pueden actuar como vectores. Otros pueden causar molestias, como las avistas y las moscas.

Gran importancia en sanidad tienen también los *arácnidos*. Algunos de ellos por las molestas picaduras que producen, como es el caso de los escorpiones o algunos tipos de arañas. Otros por las enfermedades que generan como los ácaros, o las garrapatas.

Los *miriápodos* también pueden causar algunas molestas picaduras, como es el caso de las escolopendras.

7.3. Importancia alimentaria

Los *insectos* en la alimentación humana son poco importantes, aunque en ciertos lugares se consumen de manera esporádica.

Los crustáceos tienen mucho más interés culinario, sobre todo el grupo de los decápodos. Actualmente, se pesca una gran variedad de especies, como las gambas, cigalas, bogavantes, centollos, cangrejos..., algunas de ellas alcanzando altos precios en el mercado, como los percebes o los carabineros (género *Plesiopenaeus*).

8. CONCLUSIÓN

Para concluir, hemos de decir que el grupo de los artrópodos ha evolucionado de una manera sorprendente, y este gran desarrollo, les ha permitido generar muchas formas de vida y habitar en, prácticamente, todos los ambientes.

Su estudio y mejor conocimiento nos permitirán poder sacar mejor provecho de las aplicaciones que de ellos podamos extraer, así como conocer mejor sus ciclos de vida para evitar o eliminar ciertas enfermedades que son muy problemáticas para el ser humano.

El conocimiento de su dinámica y modos de vida, nos permitirá, por otro lado, generar actitudes positivas hacia ellos, y no verlos tanto como unos animales raros y lejanos a nosotros pues, al contrario, viven muy cerca, con y entre nosotros.

Bibliografía útil:

BARNES, S. y CURTIS, E. (2006) "Biología", 6ª edición. Ed. Panamericana.

FERNANDEZ RUBIO, F. (2000) "Artrópodos y salud humana", Ed.Gobierno de Navarra prensa publicaciones.

FUENTE, J.A. DE LA, (1994) "Zoología de artrópodos", Ed. McGraw-Hill/Interamericana.

HICKMAN, C. y otros (2006) "Principios integrales de zoología", 13ª edición. Ed. McGraw-Hill.

TEMA 42

FILUM CORDADOS. CARACTERES GENERALES Y CLASIFICACIÓN. LOS VERTEBRADOS: CARACTERÍSTICAS GENERALES Y CLASIFICACIÓN. AGNATOS Y CONDRICTIOS.

0. INTRODUCCIÓN

En este tema vamos a estudiar los cordados. Éstos son un grupo de animales que se caracterizan por presentar unas estructuras particulares que les han permitido una rápida evolución y una buena adaptación a los nuevos medios que han ido colonizando. Dentro de ellos estudiaremos a los vertebrados y, más profundamente, a dos de los grupos más primitivos: los agnatos y condrictios.

Sobre los cordados y vertebrados se podría hablar extensamente, pero en el tiempo y espacio de que disponemos intentaremos hacer un resumen de las principales características de estos grupos, excusando la posible escasez de su desarrollo y profundización.

El estudio de estos grupos, en los que entramos los seres humanos también, es de vital importancia si queremos conocer un poco mejor cómo ha sido su evolución y cómo se han ido adaptando a los medio que han ido colonizando.

Para la exposición de este tema seguiré el siguiente orden... (es muy conveniente exponer con claridad, aquí al principio, el orden que se va a seguir, leer el índice de una forma ágil)

1

1. CORDADOS: CARACTERÍSTICAS GENERALES DE Y CLASIFICACIÓN

1.1. Características generales de los cordados

Los cordados son un grupo de organismo cuyo origen se remonta unos 570 millones de años atrás, en el Cámbrico. Se cree que evolucionaron a partir de organismos semejantes a los equinodermos o hemicordados. Veamos algunas de sus principales características:

- presentan simetría bilateral, tres hojas embrionarias y celoma. Además, son deuteróstomos (la boca es de nueva creación), según el patrón de desarrollo embrionario.

- presentan **notocorda** en algún momento de su desarrollo; ésta es una estructura flexible que actúa de endoesqueleto, el anclaje de los músculos y permite realizar movimientos ondulatorios.

- tienen **cordón nervioso dorsal**, tubular y hueco, que forma un cerebro en la parte anterior del organismo.

- poseen hendiduras branquiales faríngeas que conectan con el exterior; a esta condición se le llama **faringotremia**.

- tienen cola **postanal**.

- el corazón es ventral y el sistema nervioso es cerrado.

- los músculos del cuerpo están segmentados, pero no pasa esto con el tronco.

- tienen un endoesqueleto cartilaginoso u óseo, donde se insertan los músculos. Este hecho permite un mayor crecimiento del organismo y evita tener que realizar mudas. Las extremidades son pares, y van a posibilitar una serie de adaptaciones, como es el paso al medio terrestre.

Otras características referidas a los aparatos internos son:

- el *aparato digestivo* es complejo, con faringe, esófago, estómago e intestinos.

- el *circulatorio* posee vasos contráctiles y tiene una misión trófica y de respiración.

- el *aparato excretor* está compuesto por *neuronas*, que son la unidad funcional de los riñones.

- el *aparato reproductor* es complejo, y posee sexos separados. La reproducción asexual es poco frecuente.

1.2. Clasificación de los cordados

La clasificación de los cordados es compleja, pues no siempre tiene una correspondencia con el más cotidiano de los nombres de grupos. Vamos a intentar hacer un pequeño resumen; cabe decir, no obstante, que esta clasificación puede variar de unos autores a otros. El **filo cordados** se divide en dos *grupos*:

- **Grupo Acráneos o Procordados**. Estos animales tienen las características propias de los cordados, pero sin esqueleto óseo ni cartilaginoso. Se distinguen dos subfilos:

  - Subfilo Urocordados: son los tunicados. Se distinguen tres clases:

    - *Clase Ascidias.*

    - *Clase Taliáceos o Salpas.*

    - *Clase Apendiculáceos o Larváceos.*

  - Subfilo Cefalocordados: son las lancetas o anfioxos.

- **Grupo Craneados**. Presentan un esqueleto óseo o cartilaginoso que protege el sistema nervioso. Se distingue un único subfilo:

  - Subfilo Vertebrados: presentan vértebras. Los animales que contiene se agrupan en dos grandes superclases:

    - *Superclase Agnatos*: no tienen mandíbulas. Hay dos clases:

      - Clase Mixines.

      - Clase Cefalaspidomorfos o lampreas.

    - *Superclase Gnatostomados*: con mandíbulas. Se distinguen, como también veremos más adelante, cinco grandes clases:

      - Clase Condríctios.

      - Clase Osteíctios.

      - Clase Anfibios.

      - Clase Reptiles.

      - Clase Aves.

      - Clase Mamíferos.

2. LOS PROCORDADOS

Existe un grupo de organismos con características afines a los cordados. Estos son los procordados. Algunos autores, no obstante, estos grupos los separan del resto de cordados y elaboran un nuevo filo. Vamos a ver, rápidamente, estos grupos y algunas de sus características principales.

2.1. Subfilo Urocordados o tunicados

"Urocordado" significa literalmente "cordado con cola", y "tunicado" que tiene túnica. Los organismos que pertenecen a este grupo se caracterizan por tener una **túnica** compuesta por mucopolisacáridos que rodea y protege el cuerpo. Además, al menos durante alguna etapa de su desarrollo, presentan una cola postanal.

Pueden ser sésiles o de vida libre, y todos ellos son marinos. También presentan un ojo y un estatocisto como órganos generales de los sentidos. La larva tiene forma de renacuajo, que sufrirá una metamorfosis y se transformará en un adulto muy especializado, sin cola. Existen tres clases:

- **Clase Ascidias**. Son los urocordados más comunes. Generalmente, sésiles, solitarios o compuestos, con un sifón de entrada de agua, que es filtrada, y otro de salida. Tienen una faringe ciliada a modo de red que retiene partículas y pasan al estómago, donde se digieren. Los sistemas nervioso, excretor y circulatorio están muy reducidos en el adulto. Géneros comunes son *Ascidia* y *Cionia*.

- **Clase Larváceos**. Algunos autores llaman a este grupo Apendicularios. Son pelágicos, de vida libre, tienen el tamaño de una nuez y son transparentes. El adulto presenta una larga cola que la utiliza para crear corrientes de agua. Estos organismos construyen una especie de saco gelatinoso con filtros que retienen partículas y entran a la boca. Cuando el saco está desgastado, lo cambian por otro. El género más conocido es *Oikopleura*.

- **Clase Taliáceos**. Son pelágicos, del tamaño de un limón, transparentes y de consistencia gelatinosa. El cuerpo está rodeado de bandas de musculatura que mueve el agua. Presentan una boca por la que entra el agua y se filtra. La reproducción se hace normalmente sexual, pero si existe un rápido aumento de alimento en el medio, se recurre a la asexual. Géneros comunes son *Thalia*, *Doliolum* y *Salpa*.

2.2. Subfilo Cefalocordados

Son las *lancetas* o *anfioxos*. Son alargados, de 5 a 7 centímetros de longitud, están comprimidos lateralmente y viven, prácticamente, en todos los fondos arenosos del mundo. En muchas ocasiones se ha considerado como el cordado-tipo, con notocorda, cola postanal, faringotremia y cordón nervioso dorsal. En la región oral presentan una boca rodeada de tentáculos y, en la posterior, una aleta caudal. Géneros conocidos son *Branchiostoma* y *Asymetron*.

3. VERTEBRADOS: CARACTERÍSTICAS GENERALES Y CLASIFICACIÓN

3.1. Características generales de los vertebrados

A continuación, vamos a nombrar a modo de resumen, las principales características de los vertebrados:

- como el resto de cordados, presentan notocorda, cordón nervioso dorsal, faringotremia y cola postnatal en algún momento de su vida. Con respecto a la notocorda, ésta suele desaparecer en los estadios adultos, a excepción de los peces sin mandíbulas, que la conservan.

- el tegumento está formado por una *epidermis*, procedente del ectodermo embrionario, más una *dermis*, procedente del mesodermo. Éste puede sufrir grandes modificaciones, según los grupos.

- el endoesqueleto está formado por un *cráneo*, una *columna vertebral*, que sustituye a la notocorda o la envuelve si esta aún existe, y dos *cinturas apendiculares*, sobre las que se asientan las extremidades.

- presentan una gran cantidad de músculos, con formas y funciones diversas, que se insertan en el esqueleto interno.

- la faringe es musculosa y perforada, y puede sufrir gran cantidad de modificaciones.

- el sistema digestivo se sitúa en la parte ventral del organismo y presenta una gran cantidad de glándulas.

- el corazón es ventral, con dos a cuatro cámaras; el sistema circulatorio es cerrado, con eritrocitos que contienen el pigmento respiratorio, la hemoglobina.

- el celoma ocupa una porción importante del organismo, sobre todo en la región visceral.

- el sistema excretor está formado por riñones pares y conductos de desagüe, que pueden estar asociados al sistema reproductor.

- el encéfalo está muy desarrollado, con gran cantidad de nervios craneales y espinales; esta complejidad es resultado de un proceso de **cefalización** y utilización y desarrollo de los sentidos.

- el sistema endocrino se encuentra repartido por el cuerpo y adquiere, junto con el nervioso, una gran importancia.

- respecto al reproductor, los sexos están separados y las gónadas son pares.

- en general, presentan un plan estructural característico, formado cabeza-tronco-cola, con dos pares de extremidades, que sufrirán grandes modificaciones en el proceso evolutivo.

3.2. Clasificación de los vertebrados

El subfilo de los vertebrados se clasifica en dos grandes superclases:

SUPERCLASE AGNATOS

Este grupo también se conoce como ciclostomados, pues tienen una boca en forma de círculo. Su principal característica es que carecen de mandíbulas. Se distinguen dos grandes clases:

- **Clase Mixines.** Estos animales marinos tienen un cuerpo alargado, con una boca rodeada por cuatro pares de tentáculos. Presenta 15 pares de bosas branquiales sin conexión con el interior del cuerpo.

- **Clase Cefalaspidomorfos.** Son las *lampreas*. Tienen una boca suctora, con dientes córneos y 7 pares de bolsas branquiales.

SUPERCLASE GNATOSTOMADOS

Son vertebrados con mandíbulas. Se distinguen seis grandes clases:

- **Clase Condrictios.** Son los tiburones, rayas y afines. Presentan un cuerpo cartilaginoso, con branquias protegidas por un opérculo o no, con escamas libres y con forma de pequeños dentículos y cola heterocerca. El corazón presenta dos cavidades y la boca es ventral.

- **Clase Osteíctios.** Incluye al resto de peces. El esqueleto es óseo, las escamas son planas, cola homocerca. Las branquias están protegidas por un opérculo. El corazón presenta dos cavidades.

- **Clase Anfibios.** Ranas, sapos, salamandras y tritones. Su cuerpo no tiene escamas y pueden o no presentar cola postanal. Tienen cuatro extremidades con cinco dedos con uñas en cada una. La respiración es básicamente pulmonar. El corazón presenta dos aurículas y un ventrículo.

- **Clase Reptiles.** Son tetrápodos poiquilotermos. Tienen pulmones y los huevos presentan una cáscara que los protege del exterior. La piel es seca y sin glándulas mucosas. Nunca presentan estadios larvarios. Corazón con cuatro cámaras.

- **Clase Aves.** Son homeotermos, con plumas, pico córneo y alas. El corazón tiene cuatro cámaras. La respiración se lleva a cabo por pulmones y *sacos aéreos*. La fecundación es interna y presentan huevos con una cáscara dura.

- **Clase Mamíferos.** Son vertebrados homeotermos, con pelo y cuatro extremidades que se utilizan bien para locomoción, bien para nadar o volar. El corazón tiene cuatro cámaras. Presentan pulmones. La fecundación es interna, son vivíparos y las crías son amamantadas por las hembras, las cuales tienen glándulas mamarias.

4. LOS AGNATOS

Los *agnatos* o *ciclóstomos* son vertebrados cuya principal característica, como hemos visto antes, es que no presentan mandíbulas. Además, tienen la boca circular, las branquias en el interior de bolsas, una sola abertura nasal comunicada (mixines) o no (lampreas) con la faringe y no presentan miembros apendiculares.

Respecto a la morfología general de los agnatos, podemos observar que tienen un cuerpo alargado, cilíndrico y ligeramente comprimido lateralmente, recubierto por un tegumento desnudo (sin escamas) y blando. En la boca presentan un embudo bucal que puede ser suctor (lampreas) o no (mixines).

También tienen una aleta impar doral y ventral (que rodea la cola hasta el ano). Las aletas son de origen tegumentario y simples, teniendo poca importancia en la natación. La natación se lleva a cabo, por el contrario, a través de movimientos ondulatorios del cuerpo.

De agnatos encontramos dos grandes clases: Mixines y Cefalaspidomorfos.

4.1. Clase Mixines

Los mixines son animales marinos isosmóticos, con cuerpo delgado, anguiliforme y de sección circular, con piel desnuda y con gran cantidad de glándulas mucosas.

No tienen apéndices pares ni aleta dorsal. No obstante, presenta una aleta ventral que se extiende un poco hacia adelante por el dorso. El esqueleto es fibroso y cartilaginoso, con notocorda persistente en los estadios adultos.

La boca tiene dos filas de dientes eversibles, y está rodeada por tentáculos orales. El corazón está compuesto por un atrio y un ventrículo. Además, pueden existir corazones accesorios en la región caudal.

Poseen 16 pares de branquias, pero el número de aberturas branquiales puede ser variable, según las especies. Tienen un riñón pronéfrico en la parte anterior y otro mesonéfrico en la posterior. No tienen estómago y el intestino carece de cilios.

Presentan un cordón nervioso dorsal, con un pequeño cerebro diferenciado, aunque sin cerebelo. Como órganos de los sentidos tienen órganos del gusto, olfato y oído. Los ojos están degenerados. También presentan un par de canales semicirculares en el oído.

Los sexos están separados, aunque suelen existir ovarios y testículos en un mismo individuo, uno de los cuales acaba degenerando. La fecundación es externa y no existe estado larvario.

La alimentación se realiza a base de animales enfermos o muertos, por succión.

Una especie muy común es *Myxine glutinosa*, que vive en fondos arenosos, llegándose a encontrar a bastante profundidad alimentándose de cadáveres de animales muertos.

4.2. Clase Cefalaspidomorfos

Esta clase incluye a las *lampreas*, que son animales anguiliformes que pueden vivir tanto en aguas marinas como continentales. El cuerpo, al igual que los anteriores, es delgado y de sección circular, y la piel es desnuda.

Presentan una o dos aletas impares, pero nunca apéndices pares. El esqueleto es fibroso y cartilaginoso, con notocorda persistente en las formas adultas.

La boca la forma un disco oral en forma de ventosa, con dientes que pueden situarse tanto en la cavidad bucal como en la lengua. El corazón está compuesto por un atrio y un ventrículo.

Existen siete pares de branquias con aberturas al exterior. Tienen un riñón tipo mesonéfrico. A diferencia de los anteriores, los fluidos corporales están regulados osmóticamente. No existe estómago y el intestino presenta cilios y dispone de una serie de pliegues espirales.

Presentan un cordón nervioso dorsal con cerebro y un pequeño cerebelo. Como órganos de los sentidos tienen oído, gusto y olfato. También poseen ojos bien desarrollados y un ojo pineal, así como dos pares de canales semicirculares.

Los sexos están separados y las gónadas son simples, sin conductos que conecten con el exterior, de manera que los gametos se expulsan directamente a la cavidad abdominal y, de aquí, al exterior. La fecundación es externa y existe una etapa larvaria muy larga llamada *ammocete*. Los adultos mueren tras la fecundación de los huevos.

Su alimentación se basa en líquidos corporales de otros organismos, principalmente peces, a los que se adhieren con su ventosa oral.

Como especies características podemos citar a *Petromyzon marinus* y a *Lampetra fluviatilis*.

5. LOS CONDRICTIOS

Los condrictios son vertebrados con mandíbulas caracterizados por poseer un esqueleto interno cartilaginoso, como característica distintiva.

Generalmente, poseen un cuerpo fusiforme, con aleta caudal heterocerca (dificerca en quimeras). También poseen aletas pectorales y pelvianas pares. Éstas últimas están modificadas en los machos y forman los órganos de la cópula, llamados **pterigopodios**.

La boca es ventral (se abre hacia abajo), con mandíbulas. También existen dos sacos olfatorios en elasmobranquios (no desembocan en la cavidad bucal) y dos narinas en quimeras (conectan con cavidad bucal). Tienen dientes de reposición constante, triangulares en todos los grupos menos en quimeras, que se han transformado en placas trituradoras

La piel presenta dentículos dérmicos, también llamadas *escamas placoideas*, y glándulas mucosas; la piel es desnuda en quimeras.

El esqueleto es cartilaginoso, con notocorda. Las vértebras son completas y separadas, menos en quimeras, que no tienen vértebras. La musculatura es metamérica.

El estómago tiene forma de J (menos en quimeras). El intestino tiene una válvula típica en espiral. Glándulas importantes son el hígado, que es rico en lípidos, la vesícula biliar y el páncreas.

El corazón tiene dos cámaras, con una aorta dorsal y otra ventral, un sistema capilar y otro venoso, con sistema porta renal y otro hepático.

Tienen de cinco a siete pares de branquias, con hendiduras branquiales independientes y sin opérculo en elasmobranquios y con esta estructura en quimeras.

El riñón es de tipo mesonéfrico, con sangre isosmótica o, incluso, hiperosmótica. Ésta presenta una gran concentración de urea y óxido de trimetilamida. No tienen vejiga natatoria.

Tienen un cerebro anterior con dos lóbulos olfativos, dos hemisferios, dos lóbulos ópticos, cerebelo y médula. Como órganos de los sentidos destacan el olfato, la línea lateral (que se encarga de la percepción de vibraciones), y también electrorreceptores. La visión es escasa. El sistema del equilibrio tiene ya tres canales semicirculares.

Los sexos están separados. Las gónadas son pares y expulsan los gametos por un conducto que desemboca en una cloaca. La fecundación es interna. Pueden ser ovíparos, ovovivíparos o, incluso, vivíparos. El desarrollo es directo, sin metamorfosis.

La mayoría de condrictios son carnívoros, muchos incluidos dentro de los grandes depredadores. También existen, no obstante, especies que se alimentan de pequeños peces e, incluso, de plancton.

Respecto a la clasificación, la clase condrictios se divide en dos grandes subclases:

- **Subclase Elasmobranquios.** Son los tiburones y las rayas. Tienen cinco pares de hendiduras branquiales, con dos espiráculos. Se distinguen dos grandes órdenes: el *O. Escualiformes*, que son pelágicos, y el *O. Rajiformes*, bentónicos. Especies representativas de elasmobranquios son el tiburón blanco (*Carcharodon carcharias*), la tintorera (*Prionace glauca*), el cazón (*Galeorhinus galeus*) y la pintarroja (*Scyliorhinus canicula*), entre otros.

- **Subclase Holocéfalos.** Son las quimeras. No tienen espiráculo ni cloaca. Las branquias están protegidas por un opérculo. En la parte anterior de la aleta dorsal presentan una espina que le da rigidez. La especie más representativa es *Chimaera monstrosa*.

6. CONCLUSIÓN

Para concluir, podemos decir que el gran grupo de los cordados presenta una gran diversidad en cuanto a forma y función.

Cada grupo en particular, y en concreto el de los condrictios y agnatos que hemos podido estudiar con un poco más de profundidad, presentan una gran complejidad que nos llama la atención y nos hace ver la sorprendente evolución por la que han discurrido estos organismos.

El mejor conocimiento de los grupos de cordados y vertebrados nos hará también, por otra parte, entender su forma de ser y actuar y nos permitirá generar actitudes positivas hacia ellos, base para la protección y conservación del medio natural donde viven y vivimos.

Bibliografía útil:

BARNES, S. y CURTIS, E. (2006) "Biología", 6ª edición. Ed. Panamericana.

HICKMAN, C. y otros (2006) "Principios integrales de zoología", 13ª edición. Ed. McGraw-Hill.

KARDONG, K.V. (1997) "Vertebrados: anatomía comparada, función, evolución". 2ª edición. Ed. McGraw-Hill/Interamericana.

TEMA 43

ÓRGANOS Y FUNCIONES DE NUTRICIÓN EN LOS VERTEBRADOS.

0. INTRODUCCIÓN

En este tema vamos a estudiar los cuatro aparatos principales que intervienen en la nutrición de los organismos vertebrados: el digestivo, el excretor, el circulatorio y el respiratorio.

Pese a realizar las mismas funciones, en cada grupo, estos aparatos se han ido adaptando a las formas de vida de cada uno de ellos. Así, surgen a partir de unas formas básicas, una gran variedad de nuestras estructuras y procesos que crean la gran diversidad que encontramos hoy día en este grupo. A pesar de ello, vamos a intentar hacer mención de las principales características de cada uno de ellos, resaltando las más importantes.

El estudio en profundidad de las características adaptativas de los vertebrados nos hace entender mejor sus formas de ser, el por qué de sus adaptaciones, cómo han llegado a ellas... y con todo ellos, podemos llegar a comprender un poco mejor cómo ha tenido lugar el proceso evolutivo de estos animales.

Para la exposición de este tema seguiré el siguiente orden... (es muy conveniente exponer con claridad, aquí al principio, el orden que se va a seguir, leer el índice de una forma ágil).

1

1. LA NUTRICIÓN EN LOS VERTEBRADOS

Los vertebrados constituyen un grupo de organismos heterótrofos. Pueden ser herbívoros, carnívoros u omnívoros. Las sustancias que son ingeridas han de ser digeridas, absorbidas, transportadas y asimiladas. Posteriormente, se oxidan, se almacenan y, finalmente, se excretan las que ya no son útiles.

La alimentación puede llevarse a cabo a partir de:

- **Partículas de pequeño tamaño**. Pueden ser organismos detritívoros, suspensívoros o filtradores.
- **Sólidos**. Se alimentan de partículas grandes, y para ello disponen de estructuras trituradores especializadas.
- **Líquidos**. Se alimentan a base de líquidos de otros organismos. Suelen ser parásitos externos.

La digestión puede ser bien intracelular, la mayoría, bien extracelular. La extracelular la realizan organismos que pueden tener tubo digestivo o bien carecer de él, y se lleva a cabo por medio de adición de enzimas que digieren la presa, y la posterior absorción de las sustancias nutritivas.

Este es un grupo complejo y, por ello, existen diversos aparatos que intervienen en el proceso de la nutrición. En concreto, son cuatro, que son los que veremos a continuación:

- Aparato digestivo.
- Aparato excretor.
- Aparato circulatorio.
- Aparato respiratorio.

2. ANATOMÍA COMPARADA Y FUNCIÓN DEL APARATO DIGESTIVO

El aparato digestivo en los vertebrados es muy variado, ya estará relacionado con el tipo de alimentación que éstos lleven a cabo. Está compuesto por una serie de elementos que forman el **tracto digestivo**, que están acompañados de glándulas anexas que ayudan en el proceso de la digestión.

En este apartado vamos a ver cómo está compuesto el digestivo en los distintos grupos de vertebrados. Y más que centrarnos en los aspectos generales que caracterizan a estos órganos (que ya están tratados en otros temas específicos), nos centraremos en las diferencias que existen entre grupos de vertebrados y resaltaremos las características más relevantes de cada uno de ellos.

2.1. El tracto digestivo

El tracto digestivo en los vertebrados está formado por una serie de órganos por donde discurre el alimento ingerido y que veremos a continuación.

2.1.1. Boca

La boca es el orificio de entrada de alimento. En el desarrollo embrionario, se origina a partir de una porción del ectodermo que se invagina hacia el interior del cuerpo. Pueden existir labios o no.

Como particularidades más representativas en los diferentes grupos de vertebrados encontramos:

- Mixine: posee tentáculos alrededor de la boca, que es de tipo suctor.

- Petromizontes (lampreas): presentan una boca modificada en forma de tubo suctor.

- Aves y tortugas: presentan **pico**, que es una formación epidérmica dura.

- Mamíferos: la boca es rígida en cetáceos, mientras que el resto de grupos presentan **labios**. En este grupo se ha desarrollado, además, la musculatura mímica, que ha tenido un importante papel en la vida social de estos animales.

La *función* de la boca es la de captar e incorporar alimentos al interior del organismo.

2.1.2. Lengua

La lengua es un órgano musculoso que se encuentra en el interior de la cavidad bucal. Se encuentra anclada en la base de esta cavidad, asociada a esqueleto, el hueso hioideo. En muchas ocasiones está dotada de **botones gustativos** que detectan el sabor de los alimentos.

En algunas especies puede ser proyectada como, por ejemplo, en los camaleones. En aves y reptiles está queratinizada, por lo que es dura y rígida. Los tetrápodos, en cambio, presentan una lengua típica, con movimientos en todas las direcciones del espacio.

La *función* de la lengua es la de mover el alimento, facilitando así su insalivación y trituración. En algunos grupos concretos puede tener otras especializaciones como la de capturar presas (p.e. en camaleones, como hemos dicho).

2.1.3. Paladar

El paladar es una estructura que se encuentra en la parta superior de la cavidad bucal. Existe un *paladar primario*, de carácter blando, pero durante la evolución de los vertebrados se ha ido formando un segundo paladar más duro.

Así, en peces y anfibios sólo existe un paladar primario, mientras que en reptiles, aves y mamíferos hay un segundo paladar. Este segundo paladar es de dos tipos: *duro*, en la parte anterior, o *blando*, en la posterior.

Su *función* es la de ayudar en la masticación de los alimentos, pues proporciona una superficie dura de apoyo, así como la de separar las vías de entrada respiratorias de las digestivas, permitiendo que estos dos procesos se puedan llevar a cabo al mismo tiempo.

2.1.4. Dientes

Se trata de piezas masticadoras que se pueden encontrar en diferentes partes de la cavidad bucal. Pueden ser córneos y óseos, que son de composición y origen diferente. Los dientes reciben distintos nombre según la disposición que tengan: **acrodontos**, si se insertan en la parte superior de la encía, **pleurodontos**, si se insertan lateralmente, o **tecodontos**, si lo hacen en una especie de depresión en la parte superior de la encía. Por otra parte, adoptan diferentes formas y disposición según la dieta: carnívora, herbívora u omnívora.

En la evolución de los vertebrados existe una tendencia general a reducir el número de piezas y su tasa de reemplazamiento. Además, existe una tendencia general de pasar de una dentición **isodonta** u **homodonta**, con todas las piezas dentales iguales en tamaño y forma, a una **heterodonta**, donde se diferencian **incisivos**, **caninos**, **premolares** y **morales**.

En los mixines los encontramos dispuestos directamente sobre la lengua y en las lampreas sobre el embudo bucal. En los peces están tanto en las mandíbulas como en los arcos branquiales, cerca de las branquias. En el resto de grupos se colocan sobre la mandíbula inferior y superior.

La *función* de los dientes es la de triturar los alimentos, iniciando y facilitando la digestión de éstos. También se utilizan para cazar y despedazar las presas.

2.1.5. Faringe

La faringe es el tubo que conecta la boca con el esófago y la laringe; de este modo, actúa como conducto común entre las vías respiratorias y digestivas.

La faringe de los vertebrados está atravesada por **hendiduras branquiales**, que forman las *branquias* en los peces y que da lugar a la *trompa de Eustaquio* en los grupos terrestres, que comunica el oído medio con la faringe. En esta región se forman en los tetrápodos diferentes órganos endocrinos y linfáticos como las amígdalas o el timo.

Tiene como *función* hacer de paso de los alimentos hacia el esófago, y de impedir la entrada de éstos por las vías respiratorias. Para esta última función existe la **epiglotis**, que es un repliegue membranoso que cierra las vías respiratorias durante la deglución.

2.1.6. Esófago

El esófago es un tubo musculoso que conecta la faringe hasta el estómago, atravesando el diafragma. Para esta función dispone de musculatura lisa y estriada que producen los **movimientos peristálticos** típicos.

Su longitud depende la longitud del cuello del vertebrado pero, en general, es de mayor tamaño en amniotas que en anamniotas. Las aves, además, presentan unido al esófago el **buche**, que es una dilatación de éste para almacenar el alimento.

Su *función* principal es la de conducir los alimentos de la faringe al estómago. En algunos grupos, como en las aves, además sirve como almacén del alimento a la espera de ser digerido.

2.1.7. Estómago

Es una cavidad que existe a continuación del esófago donde se almacena y digiere el alimento ingerido. En el comienzo, existe una válvula que impide que los alimentos retornen al esófago, llamada **cardias**, mientras que en la salida existe otra que evita que salgan antes de tiempo, llamada **píloro**.

Dependiendo de los grupos de vertebrados, puede tener diferentes adaptaciones e, incluso faltar. En términos generales observamos:

- Falta en los ciclóstomos, y en el resto de pisciformes está muy modificado.

- Anfibios: es rectilíneo en urodelos y curvado en anuros.

- Reptiles: sigue la forma del cuerpo, pudiendo contener varias cámaras (de acumulación, de digestión química, de trituración).

- Aves: existen diferencias sustanciales entre las carnívoras y las herbívoras. En las primeras el estómago es sencillo, mientras que en las segundas contiene diferentes cavidades que, en orden son, **buche** (es una expansión del esófago, más bien), **estómago químico** y **molleja**, que posee un recubrimiento duro de **collina** y tiene función trituradora.

- Mamíferos: presentan una gran variabilidad en este órgano. Los *rumiantes*, por ejemplo, presentan cuatro cavidades: redecilla (retículo), panza (rumen), libro (omaso) y cuajar (abomaso). En los camellos, que son rumiantes, el libro y la redecilla tienen vesículas acuíferas que almacenan agua. Los *carnívoros*, por otro lado, presentan generalmente una sola cavidad. Algunos grupos pueden presentar especializaciones, como los vampiros, que tienen ciegos pilóricos para almacenar la sangre mientras ésta es digerida.

Su *función* principal es la digestiva, aunque también actúa como "sala de espera" del alimento para ser digerido. Para ello en él tienen lugar una serie de contracciones rítmicas que producen una **digestión mecánica** de los alimentos. Junto a ella se le añada el jugo de las glándulas gástricas que se encuentran dispersas por sus paredes, dando lugar a una **digestión química**.

2.1.8. Intestino

El intestino es un conducto por donde discurre el alimento, desde el estómago hasta el **ano**. Suele presentar gran cantidad de vellosidades que incrementan la superficie para facilitar la absorción del alimento. Acaba en el **recto**, donde se acumulan los excrementos antes de ser evacuados

Puede presentar gran variabilidad según los grupos:

- Peces: es rectilíneo en ciclóstomos, mientras que en osteíctios presenta una especie de constricción en la parte media. En elasmobranquios tiene pliegues en espiral, que le da una forma de J.

- Anfibios, aves y reptiles: existen una diferenciación entre intestino delgado (digestión y absorción) e intestino grueso (fermentaciones).

- Mamíferos: además de la diferenciación de dos intestinos, existe un desarrollo aún mayor, que da pie a diferenciar varias partes en el intestino delgado (duodeno, yeyuno e íleon) y el grueso (ascendente, transverso, descendente... según grupos). En el duodeno, además, desembocan los conductos glandulares hepático y pancreático. Por otro lado, el intestino es de mayor longitud en herbívoros que en carnívoros.

En él se completa la digestión y tiene lugar la absorción de los alimentos. Por otro, también se producen procesos fermentativos por medio de bacterias simbiontes, que ayudan a digerir cierto tipo de alimentos y producen algunas vitaminas importantes para el organismo.

2.2. Glándulas digestivas

Las glándulas digestivas, también llamadas **glándulas anejas**, son un conjunto de órganos exocrinos que producen sustancias que ayudan a llevar a cabo la digestión de los alimentos. Los diferentes grupos de vertebrados presentan glándulas digestivas, aunque se distinguen plenamente en los grupos superiores (aves y mamíferos). En los grupos inferiores aparecen más dispersas y menos especializadas, pudiendo faltar alguna o no distinguirse de las otras. Destacamos las siguientes.

2.1.1. Glándulas salivares

Se trata de unas pequeñas glándulas que se encuentran en la cavidad bucal. Producen saliva, que es una sustancia acuosa que contiene enzimas que comienzan la digestión de algunos de los componentes de los alimentos, como algunos glúcidos complejos.

En los mamíferos encontramos, por regla general, tres tipos pares: *sublinguales*, *submaxilares* y *parótidas*. En algunos grupos pueden presentar modificaciones; así, en las serpientes se han transformado en glándulas del veneno, que comienzan la digestión del alimento antes de ser digerido.

2.1.2. Glándulas estomacales

Se trata de un conjunto de glándulas unicelulares que se encuentran dispersas por la cavidad del estómago. Como el resto, producen sustancias que ayudan a la digestión química de los alimentos. Éstas, en concreto, secretan *ácido clorhídrico* y *pepsina*, que crean un ambiente ácido en este paso del proceso digestivo. Aquí se digieren, sobre todo, proteínas.

2.1.3. Hígado

Se trata de una glándula de gran tamaño, situada en la parte superior derecha de la cavidad abdominal. Entre otras funciones, produce **bilis**, que es una sustancia de carácter básico, compuesta por agua e iones. Esta sustancia se almacena en la vesícula biliar, desde donde se vierte al duodeno.

La bilis tiene como función neutralizar la acidez del quimo que acaba de salir del estómago, además de emulsionar las grasas y contribuir a su digestión.

2.1.4. Páncreas

Es una glándula que se encuentra justo debajo del estómago y que desemboca, al igual que la bilis, en el duodeno. Tiene dos funciones, una endocrina, que produce hormonas, y otra exocrina, que produce el **jugo pancreático**. La función de éste es la de digerir sustancias diversas como glúcidos y proteínas.

Si observamos su evolución en los grupos de vertebrado, vemos que no es una glándula muy patente, sino que queda en ocasiones dispersa, mientras que otras veces no aparece, o solamente aparece en un estadio del ciclo vital. Así, en ciclóstomos no aparece en los estadios de adultos; en peces se encuentra dispersa por la cavidad abdominal. En anfibios, reptiles y aves está más definido, y puede tener uno o más conductos de salida. En mamíferos, por su parte, existen dos conductos de salida, pero sólo uno de ellos es funcional.

2.3. Las funciones digestivas

Cuando hemos descritos las partes del estómago y las glándulas anejas que ayudan a la digestión, hemos ido viendo algunos de los pasos más significativos de este proceso. Vamos a resumir, a continuación, algunos de los pasos más importantes de este proceso.

Tras la ingestión del alimento, se produce la **masticación** y la **insalivación**, que son el primero un proceso mecánico y el segundo químico, que comienza la digestión de los glúcidos. A este proceso ayuda la lengua, que mueve el alimento. A continuación, el alimento, llamado **bolo alimenticio**, pasa por la faringe y el esófago por un proceso de **deglución**, en el cual ayudan los movimientos peristálticos del esófago. El bolo atraviesa el cardias y llega al estómago.

Una vez allí, sufre una **digestión gástrica** que consiste en un proceso mecánico, producido por los movimientos peristálticos del estómago, y una acción química producida por los **jugos gástricos** secretados por las glándulas de la pared estomacal y que son de carácter ácido. En este momento, se comienzan a digerir, sobre todo, las proteínas. Al final, se forma un producto, llamado **quimo**, que sale poco a poco a través de la **válvula pilórica**, hacia el intestino delgado.

Una vez en el duodeno, el quimo recibe los **jugos pancreático y biliar**, que neutralizan la acidez del quimo y emulsiona las grasas, que facilita su digestión junto con los glúcidos y proteínas que quedaban por digerir de los procesos anteriores. El producto resultante se llama quilo, y está compuesto de los nutrientes esenciales, a punto para ser absorbidos por las paredes intestinales. En el intestino delgado se produce la absorción de los nutrientes, que pasan al torrente sanguíneo. En el grueso se absorbe la mayor parte de agua y se producen procesos fermentativos por bacterias, que producen gases y vitaminas (K y B entre otras). Finalmente, los productos de desecho se acumulan en el recto y se evacúan a través del ano, en un proceso conocido como **egestión**.

3. ANATOMÍA Y FISIOLOGÍA COMPARADA DEL APARATO EXCRETOR

El aparato excretor también en la nutrición de los vertebrados, y se encarga de eliminar las sustancias de desecho que hay en la sangre. Éstas son producto del metabolismo celular, y son transportadas desde todas las partes del cuerpo hasta los órganos excretores, que por excelencia son los **riñones**. Éstos presentan modificaciones diversas según los grupos, como veremos a continuación.

3.1. La función del aparato excretor en los vertebrados

El aparato excretor, hemos comentado, se encarga de eliminar los productos de desecho. Esto es una función que entra dentro de la **homeostasis** del organismo, pues estos órganos regulan el volumen y composición del medio interno del organismo. Como resultado, se produce orina, que será excretada al medio externo.

Evolutivamente, el aparato excretor también ha sido utilizado para transportar los productos sexuales hacia el exterior del organismo. Así, vemos en diversos grupos como existe esta asociación, aunque no existe una relación evolutiva directa. De hecho, en la misma especie, machos y hembras pueden tener conexiones diferentes entre las gónadas y los conductos excretores, como es el caso, por ejemplo, del ser humano.

Las **nefronas** son la unidad funcional de los riñones. En ellas tiene lugar la filtración de la sangre. Este proceso tiene lugar en varias etapas: *ultrafiltración* de la sangre, *reabsorción* de las partículas útiles y agua, y *secreción* de los productos de desecho.

3.2. Tipos de riñones en los vertebrados

En el grupo de los vertebrados vemos que existen diversos tipos de riñones. Éstos han sufrido una evolución en cuanto a estructura y función, por lo que vemos una gradación en estos tipos de riñones desde los grupos más primitivos hacia los más modernos, y de las formas más juveniles a las más adultas. Vamos a ver, a continuación estos tipos, puntualizando los grupos que los presentan y los estadios de crecimiento donde aparecen. Estos son:

- **Arquinefros**. Es un tipo de riñón compuesto por un par de conductos que filtran el líquido directamente de la cavidad celomática. En ellos no existe una conexión con las gónadas. Se halla en los embriones de los mixines.

- **Pronefros**. Este tipo de riñón presenta dos conductos que se unen en la parte final, antes de salir al exterior. Aún filtran sangre del celoma, pero también comienzan a filtrar sangre de los vasos sanguíneos; aparece ya una cápsula de Bowman rudimentaria. Este tipo de riñón tampoco está en contacto con las gónadas. Lo presentan los mixines adultos, embriones de peces y anfibios y también, temporalmente, se encuentra en los estadios tempranos de desarrollo de reptiles, aves y mamíferos.

- **Mesonefros**. Los conductos excretores de este riñón, que también son dos y se unen al final recogen las partículas de desechos básicamente de los vasos sanguíneos, aunque ocasionalmente, también pueden filtrar líquido del celoma. Este tipo de riñón ya presenta además, una unión con las gónadas. Animales que lo presentan son las lampreas, peces y anfibios adultos, y es parcialmente funcional en embriones de reptiles, de aves y de mamíferos.

- **Metanefros.** Este tipo de riñón presenta dos conductos que conectan directamente con los riñones, y son totalmente independientes al celoma. Estos conductos pueden unirse al final y salir al exterior, o formar una especie de cavidad donde se acumula la orina antes de salir. Estos riñones presentan ya la nefrona típica, con una cápsula de Bowman bien desarrollada, asa de Henle, túbulos proximales y distales, etc. Por otra parte, existen otros conductos que provienen directamente de las gónadas, y que se pueden unir a los conductos excretores en la parte final del recorrido, o no, saliendo independientemente al exterior. Está presente en reptiles, aves y mamíferos adultos.

3.3. Anatomía comparada de los riñones

Por otra parte, también cabe destacar la gran variabilidad en cuanto a forma que presentan los riñones, las vías urinarias y los productos que se excretan en los diferentes grupos de vertebrados. Veamos, en líneas generales, las particularidades más relevantes en cada grupo.

- En tiburones encontramos un conducto común que elimina tanto la orina como los productos sexuales.

- En los peces óseos hay un conducto sexual que elimina orina solamente.

- En anfibios encontramos, al igual que en los tiburones, que se eliminan por los mismos conductos tanto la orina como los productos sexuales.

- En los reptiles se diferencian bastante bien unos riñones alargados en la parte posterior de la cavidad abdominal; aquí aparecen grupos con vejiga urinaria y otros sin ella.

- Las aves tienen riñones lobulados, pares, y frecuentemente fusionados en la parte posterior. No tienen vejiga.

- Los mamíferos por su parte, presentan los riñones típicos, con tendencia a tener forma de judía o similar. En ellos, la unidad funcional por excelencia es la **nefrona**.

4. ANATOMÍA Y FISIOLOGÍA COMPARADA DEL APARATO CIRCULATORIO

4.1. El aparato circulatorio en los vertebrados y funciones

El aparato circulatorio en los vertebrados se encarga del transporte de sangre y oxígeno por el cuerpo y de recoger las sustancias de desecho que se van generando del el metabolismo celular.

Surge como una necesidad evolutiva del incremento de la complejidad. Así, vemos cómo en los grupos más evolucionados (aves y mamíferos) el aparato circulatorio adquiere el mayor grado de complejidad, mientras que en los más simples es menos complejo y más difuso en cuanto a formas y funciones.

A diferencia de los grupos de invertebrados, en los vertebrados el aparato circulatorio es un sistema completamente **cerrado**, con un corazón que impulsa la sangre.

Las funciones del aparato circulatorio son diversas en los vertebrados, pudiendo adquirir cada una de ellas más importancia en algunos grupos o en determinado momentos del ciclo vital, así como presentar adaptaciones a los modos concretos de vida de cada especie. Las más importantes son:

- Llevar sustancias nutritivas a todas las células del cuerpo que se han obtenido mediante un proceso de digestión en el aparato digestivo.

- Llevar igualmente a todas las células oxígeno procedente de la respiración y recoger el dióxido de carbono generado en la respiración celular.

- Recoger las sustancias de desecho producidas por el metabolismo celular y llevarlas al aparato excretor, donde serán eliminadas de la sangre.
- Hacer de transportador de sustancias de comunicación intracelular como hormonas, anticuerpos, etc.

- Transportar calor, que contribuye a la acción termorreguladora del cuerpo.

4.2. La sangre, corazón y vasos sanguíneos

La composición de la sangre es muy similar en todos los mamíferos, así como la estructura de los vasos sanguíneos. El corazón, en cambio, es lo que más varía en los distintos grupos de vertebrados, junto con la distribución de algunos vasos sanguíneos, que depende del tipo de respiración (pulmonar o branquial). A pesar de ello, vemos cómo hay un patrón común en todos los grupos que se va adaptando a las necesidades y especializaciones de cada uno.

La **sangre** está compuesta por plasma y células sanguíneas. El plasma está compuesto por agua (el 95%), sales minerales y sustancias orgánicas como proteínas, lípidos, glúcidos, etc. Las células pueden ser, básicamente, de tres tipos: *glóbulos rojos*, que contienen hemoglobina y transportan oxígeno y dióxido de carbono y pueden ser nucleados o no; *glóbulos blancos*, que tienen una misión de defensa del organismo, y *plaquetas*, que intervienen en procesos de coagulación de la sangre.
Respecto a los **vasos sanguíneos**, encontramos un *sistema arterial*, formado por arterias, arteriolas y capilares venosos, y un *sistema venoso*, compuesto por venas, vénulas y capilares venosos.

El **corazón** es un órgano musculoso constituido por tejido muscular cardíaco de carácter involuntario. Su contracción es rítmica y viene controlada por el cerebro. Presenta de dos a cuatro cavidades según los grupos, como veremos más adelante. Es la bomba que impulsa la sangre por todo el cuerpo, pasando por las branquias y/o los pulmones, según los casos, las vísceras y el resto de órganos del cuerpo, de tal manera que con una sola contracción lleva les lleva la sangre, pasa por los órganos y la devuelve al corazón.

A parte, existe un **sistema linfático** formado por los vasos linfáticos y que contiene un líquido llamado **linfa**. Este sistema se encarga de recoger el exceso de líquido que se encuentra en los espacios intersticiales de los tejidos y lo devuelve al sistema venoso cerca del corazón. Por otra parte, contiene **ganglios linfáticos** distribuidos a lo largo de los vasos linfáticos que van limpiando la linfa cuando pasa por ellos de microorganismos y sustancias que no sirven. Por último, el sistema linfático también interviene en el transporte de algunos tipos de grasas.

4.3. Anatomía comparada del sistema circulatorio

Vamos a ver a continuación cómo son los sistemas circulatorios en los distintos grupos de vertebrados a grandes rasgos.

En los *peces* encontramos un corazón simple, formado por cuatro cámaras. La sangre pasa a través de ellas por este orden: *seno venoso, atrio, ventrículo* y *bulbo cardíaco*. El recorrido que realiza la sangre es corazón-branquias-cuerpo-corazón. De esta manera, para realizar un recorrido completo, la sangre ha de pasar una sola vez por el corazón.

Los *anfibios* presentan ya pulmones, y esto hace que el sistema circulatorio sea más complejo. El corazón presenta dos aurículas y un ventrículo, en donde se mezcla la sangre oxigenada, que viene de los pulmones, y la no oxigenada, que viene del resto del cuerpo. No obstante, existen en el ventrículo una serie de pliegues que reducen la mezcla de estos dos tipos de sangre. La circulación comienza a ser doble, teniendo que pasar la sangre dos veces por el corazón para realizar un recorrido completo.

En *reptiles* vemos que el ventrículo comienza a separarse en dos por medio de un septo, que es casi completo en los grupos más avanzados, como los cocodrilos. El seno venoso y el bulbo cardíaco de los peces están muy reducidos y tienen tendencia a desaparecer.

Por último, en aves y mamíferos la separación del ventrículo en dos es total, no mezclándose la sangre oxigenada y reducida en ningún momento. Se distinguen así cuatro cámaras: dos aurículas y dos ventrículos. El bulbo y el seno venoso desaparecen por completo. En estos grupos, la sangre realiza el siguiente recorrido: sale del *ventrículo derecho* por la *arteria pulmonar*, llega a los pulmones y vuelva al corazón por la *vena pulmonar*, que desemboca en la *aurícula izquierda*; de ésta pasa al *ventrículo izquierdo* y vuelve a salir por la *arteria aorta* que se dirige a todo el cuerpo; finalmente, la sangre vuelve por la *vena cava*, que desemboca en la *aurícula derecha* del corazón, y después al ventrículo derecho de nuevo.

5. ANATOMÍA Y FISIOLOGÍA COMPARADA DEL APARATO RESPIRATORIO

5.1. La respiración en los vertebrados

El sistema respiratorio se encarga del intercambio de gases entre la sangre y la atmósfera. Para ello se necesitan superficies más o menos extensas y muy vascularizados, con tegumentos delgados y húmedos, que permitan la disolución de los gases.

En vertebrados puede ser de dos tipos principales, branquial o pulmonar, aunque también puede realizarse a través de la piel, como en el caso de los anfibios. Por otro lado, existen casos especiales, como puede ser la respiración *faríngea* de algunos peces tragando aire, o la *cloacal* de las tortugas marinas.

Vamos a destacar tres elementos principales en la respiración de los vertebrados: las *fosas nasales*, las *branquias* y los *pulmones*.

5.2. Fosas nasales

Las fosas nasales son unos conductos que se encuentran en la parte anterior del sistema respiratorio. No siempre están presentes, ni siempre existe un orificio nasal que las conecte con el exterior.

En *peces* no existen unas fosas nasales típicas. Solamente existen unas invaginaciones en la parte anterior del cráneo, llamadas **narinas**, que no comunican con la cavidad bucal, excepto en holocéfalos, que sí que lo hacen.

Los *anfibios* presentan ya unos orificios que conectan directamente con la cavidad bucal, puesto que no disponen aún de un paladar secundario que separe la cavidad bucal de la nasal.

En los *reptiles* aparece ya un paladar secundario que hace que se alarguen las fosas nasales, poco a poco; este paladar está ya prácticamente completo en los cocodrilos. Además, disponen de pliegues que aumentan la superficie nasal interna que facilita la limpieza y el calentamiento del aire.

Las *aves* presentan pico. Así, los orificios nasales se encuentran en la base de esta estructura córnea.

Los *mamíferos* presentan una estructura particular, la **nariz**, que incrementa aún más la superficie de las fosas nasales, aspecto que facilita el calentamiento del aire en estos animales de sangre caliente. En el interior de las fosas nasales se puede distinguir una *región vestibular*, con pelos y glándulas sebáceas, y una *región olfativa* más interna, con un laberinto formado por huesos nasales y terminaciones nerviosas del olfato.

5.3. Branquias

Las branquias son superficies de intercambio de gases típicas de los vertebrados acuáticos (peces y estadios juveniles de anfibios). El movimiento del agua, debido a su viscosidad, se realiza unidireccionalmente, entrando por la boca y saliendo por los orificios branquiales. Originariamente, los vertebrados primitivos disponían de siete orificios branquiales; dos de ellos se transformaron en la boca y la trompa de Eustaquio. Por consiguiente, quedan cinco orificios, con sus huesos respectivos, que son los que encontramos normalmente en los peces.

Los *ciclóstomos*, peces primitivos que no presentan mandíbulas, encontramos entre 6 y 14 pares de branquias. En lampreas adultas, el flujo del agua no es unidireccional, sino bidireccional, saliendo y entrando por el mismo orificio. Esto se debe a que se encuentran la mayor parte del tiempo enganchadas al cuerpo de otros animales.

El resto de *peces* presentan, por lo general, cinco pares de hendiduras branquiales, que están cubiertas por una membrana protectora llamada **opérculo** (excepto en elasmobranquios). El recorrido que hace el agua es: boca □ faringe □ branquias □ exterior. Los *dipnoos*, o peces pulmonados, presentan, además, que presentan una vejiga natatoria modificada que la utilizan como un pulmón primitivo.

Finalmente, los anfibios presentan branquias en sus estadios larvarios. Éstas son externas y de origen tegumentario, aspecto que las diferencia de las de los peces. En estadios adultos, éstas desaparecen.

5.4. Pulmones

Los pulmones son superficies de intercambio de gases internas, y son típicas de los vertebrados terrestres. A diferencia de las branquias, los pulmones presentan un flujo del aire bidireccional (entra y sale por el mismo sitio), aspecto facilitado por la poca densidad que presenta el aire. En su recorrido, el aire pasa por las **vías respiratorias** (*fosas nasales* y *boca*, *faringe*, *laringe*, *tráquea*, *bronquios*, *bronquiolos* y *alveolos pulmonares*).

En *anfibios* la tráquea se bifurca en dos bronquios muy cortos, que dan paso a dos sacos alveolares con pocas cavidades, generalmente. Esto se debe, en parte, a que una porción del intercambio de gases aún se realiza a través de la piel. En la respiración, el aire es, literalmente, tragado e impulsado a los pulmones. En este grupo a parece la *glotis* y las *cuerdas vocales*.

En *aves*, la laringe está muy poco desarrollada, y la producción de sonidos se lleva a cabo en una estructura especial llamada **siringe**. La tráquea suele ser muy larga, incluso más que el cuello. Como particularidad, las aves presentan un pulmón rígido y, además de éste, unos **sacos aéreos** que intervienen también en el proceso de la respiración y hacen que ésta sea muy eficiente. Estos sacos están repartidos por el cuerpo y por el interior de los huesos (hecho que facilita el vuelo en este grupo).

Finalmente, en *mamíferos* está el cartílago tiroideo, que se articula con el hueso hioideo y forma la "nuez" típica de los machos. La tráquea dispone de unos cartílagos circulares incompletos que le dan rigidez, y que continúan por los bronquios. Los pulmones disponen de varios lóbulos, con alto número de alveolos que incrementan la superficie de intercambio gaseoso. El aire entra por el vacío que ejercen los músculos intercostales y el diafragma.

6. CONCLUSIÓN

Para acabar, podemos decir que al partir del mismo origen, todos los grupos de vertebrados disponen de las mismas estructuras básicas. Pero por otra parte, también es cierto que cada grupo está adaptado a unas formas de vida determinadas, en unos medios con unas condiciones concretas, que les han hecho adaptar estas estructuras comunes a las circunstancias donde ha vivido cada uno.

Esto genera una gran complejidad en su clasificación y estudio, pero también una gran variedad de formas muy interesantes de ver en cuanto a variedad y función.

Bibliografía útil:

BARNES, S. y CURTIS, E. (2006) "Biología", 6ª edición. Ed. Panamericana.

HICKMAN, C. y otros (2006) "Principios integrales de zoología", 13ª edición. Ed. McGraw-Hill.

KARDONG, K.V. (1997) "Vertebrados: anatomía comparada, función, evolución". 2ª edición. Ed. McGraw-Hill/Interamericana.

TEMA 44

ÓRGANOS Y FUNCIONES DE RELACIÓN EN LOS VERTEBRADOS.

0. INTRODUCCIÓN

En este tema vamos a estudiar las funciones de relación de los vertebrados, que incluye todo lo referente al sistema nervioso, los órganos de los sentidos, así como el sistema endocrino, que regula el funcionamiento general de todos los aparatos y sistemas del organismo, y los hace funcionar de forma coordinada.

Cada grupo de vertebrados se ha adaptado a vivir en uno ambientes concretos que les ha hecho especializar también su sistema nervioso, así como los órganos de los sentidos. Por esta razón, todos ellos van a partir de unas formas básicas, a las cuales se les irá añadiendo especializaciones propias de cada grupo.

A pesar de la gran variedad de formas y estructuras, vamos a intentar realizar una síntesis, en el espacio y tiempo que disponemos, de los aspectos más relevantes. Por otra parte, este estudio nos hace comprender un poco mejor la forma de vida de estos animales y la razón de ser de muchas de las formas y estructuras que presentan, que han sido fruto de un proceso evolutivo que se ha llevado a cabo durante un periodo muy largo de años.

Para la exposición de este tema seguiré el siguiente orden... (es muy conveniente exponer con claridad, aquí al principio, el orden que se va a seguir, leer el índice de una forma ágil).

1

1. EL SISTEMA NERVIOSO DE LOS VERTEBRADOS

1.1. Características generales del sistema nervioso

El sistema nervioso se encarga de coordinar las funciones de los órganos del cuerpo de un organismo, así como de recibir y procesar los estímulos que vienen tanto del medio externo como del interno. Posteriormente, se emite una respuesta, que puede ser motora o fisiológica, y que puede influir en el medio externo o interno.

En el sistema nervioso de los vertebrados se pueden distinguir dos partes:

- **Sistema nervioso central**. Está formado por el **encéfalo** y la **médula espinal**.

- **Sistema nervioso periférico**. Está formado por todos los nervios periféricos del cuerpo. En esta parte se pueden distinguir dos regiones:

    • División aferente: se encarga de llevar la información de las diferentes zonas del cuerpo al sistema nervioso central.

    • División eferente: al contrario de la anterior, esta división transmite la información del sistema nervioso central hacia todo el cuerpo. Se diferencian dos partes:

        o *Sistema nervioso somático*: inerva la musculatura esquelética, voluntaria.

        o *Sistema nervioso autónomo*: inerva la musculatura cardíaca, musculatura lisa y las glándulas. Se suele dividir en dos sistemas, con funciones similares pero antagónicas:

            ▪ *Sistema nervioso simpático*, que se origina en las regiones torácica y lumbar.

            ▪ *Sistema nervioso parasimpático*, que se origina en las regiones craneal y sacra.

Por otra parte, el sistema nervioso está formado por tipos celulares muy especializados. Encontramos tres tipos básicos:

- **Neuronas**. Son las unidades funcionales del sistema nervioso. Transmiten los impulsos dentro del sistema nervioso central y a lo largo de los nervios. Están compuestas por un cuerpo o *soma*, *axón* y *dendritas*.

- **Células neurosecretoras**. Son células que se encargan de producir hormonas y liberarlas a la sangre. Se encuentran en el sistema nervioso central, o bien dispersas por el cuerpo.

- **Células de neuroglía**. Se trata de células que dan soporte, acompañan y alimentan a las neuronas. Pueden ser *células de microglía, astrocitos, células de Schwann, células ependimarias...*

1.2. El encéfalo

El encéfalo es la parte central del sistema nervioso de los vertebrados. A él llegan todos los estímulos recogidos por los distintos receptores que hay por el cuerpo, son procesados y en él se elabora una respuesta que será enviada a los respectivos órganos por medio del sistema nervioso periférico.

En él se distinguen dos tipos de sustancias: una **sustancia gris,** que se encuentra en la corteza cerebral y que está formada por los somas neuronales, y una **sustancia blanca** en el centro formada por los axones.

Vemos en la evolución de los vertebrados que se da un aumento progresivo en el tamaño del encéfalo. Este hecho está relacionado con el aumento en la complejidad de los comportamientos, con el mejor control de éstos y con una necesidad de un mejor procesado de la información que rodea al organismo. Para ello, una de las características más palpables es, aparte del aumento de encéfalo en sí, el repliegue de su superficie. Así, en grupos con comportamientos más complejos encontraremos más pliegues en el cerebro.

En el encéfalo de los vertebrados se pueden distinguir varias partes:
- **Telencéfalo**. Es la primera parte del encéfalo y controla los movimientos voluntarios del organismo. También se encarga de la percepción del tacto, el dolor, la temperatura y el gusto, e integra los datos sensoriales percibidos. Existe un aumento progresivo en dos distintos grupos de vertebrados de manera que, poco a poco, se va plegando.

- **Diencéfalo**. Se encuentra a continuación del telencéfalo y distinguen dos partes: el **tálamo**, que contiene sistema límbico y se encarga de integrar parte de la información sensorial y la retransmisión de ésta al cerebro; también contiene la epífisis. El **hipotálamo**, que controla las funciones autónomas como la sed, el hambre, el sexo... también los estados emocionales; contiene la hipófisis, que libera *oxitocina* y *ADH*.

  El telencéfalo junto con el diencéfalo forman, en conjunto, lo que se conoce como **prosencéfalo**.

- **Mesencéfalo**. Esta zona central del cerebro contiene, por una parte, los **lóbulos ópticos**, que integran la información visual con otras informaciones sensoriales; también transmite la información auditiva. Por otra parte, contiene los **núcleos del mesencéfalo**, que controlan involuntariamente el tono muscular, procesan sensaciones y es la zona de salida de las órdenes motoras. El mesencéfalo es la región más desarrollada en peces y anfibios.

- **Metencéfalo**. Contiene el **cerebelo**, que coordina movimientos involuntarios como el equilibrio o la postura. También contiene el **puente**, que une el cerebelo con otros centros neuronales e influye, por otra parte, en la coordinación de los movimientos respiratorios. El metencéfalo es una región muy grande en peces, pero adquiere el máximo desarrollo en aves y mamíferos.

- **Mielencéfalo**. Está formado por el bulbo raquídeo, que tiene como funciones controlar el ritmo cardíaco y el ritmo respiratorio. Por otra parte, también se encarga de retransmitir información hacia el cerebro.

  Estas dos últimas partes, metencéfalo y mielencéfalo, forman el llamado **rombencéfalo**.

1.3. La médula espinal

La médula espinal es un conducto alargado que parte del cerebro y recorre el interior de la espina dorsal, por la que está protegida. De ella parten nerviso con raíces (orígenes) dorsales y ventrales, que se unen en un nervio espinal único. Está compuesta por sustancia blanca en la periferia y sustancia gris en el centro, que adopta una forma de "mariposa". También presenta dos surcos, uno dorsal y otro ventral. Internamente, está recorrida por un conducto hueco llamado **epéndimo**. Externamente, se observan dos *dilataciones*, una anterior o cervical, y otra posterior o lumbar.

Entre las funciones de la medula encontramos la producción de los **arcos reflejos**, que son grupos de neuronas que trabajan juntas en una misma función, y desencadenan acciones llamadas **actos reflejos**. La médula también interviene en rutas de convergencia y divergencia de información.

Con respecto a la evolución de la médula espinal, en los diferentes grupos de vertebrados vemos los siguientes aspectos:

- **Condríctios y osteíctios**. Presentan una médula espinal redondeada, que no presenta una diferenciación entre sustancia gris y blanca, aunque se intuye una especie de forma de Y invertida. Interiormente está recorrida por una **fibra gigante de Müller**, que procede del cerebelo. En la parte caudal, existe una dilatación llamada **hipófisis caudal** o **urófisis**, que se trata de un órgano neurosecretor.

- **Anfibios**. Es de forma parecida a la de los peces, pero son urófisis. Comienzan a aparecer las dilataciones anterior y posterior. Se comienza a marcar un surco dorsal y una hendidura ventral. La sustancia gris y la blanca se distinguen más que en los peces; la sustancia gris tiene forma de H.

- **Reptiles y aves**. Tienen una médula espinal muy parecida a la de los mamíferos, con una alta porción de sustancia blanca. Como particularidad, tienen un **cuerpo glucogénico**, que es una reserva de glucógeno.

- **Mamíferos**. Presenta una médula típica, consustancia gris con forma de mariposa. Los animales de este grupo presentan una gran variedad y complejidad en cuanto a núcleos estructurales y funcionales.

1.4. El sistema nervioso periférico

El sistema nervioso periférico está compuesto por todos los nervios que parten y vuelven al sistema nervioso central. Como ya hemos mencionado, encontramos dos divisiones.

DIVISIÓN AFERENTE

Esta parte lleva información de las diferentes partes del cuerpo (receptores externos, internos, órganos, glándulas...) al sistema nervioso central.

DIVISIÓN EFERENTE

Esta división transmite las órdenes motoras el sistema central hasta los músculos, órganos y glándulas de todo el cuerpo. Es la más importante, pues su ejecución requiere un procesado de la información anteriormente recibida y, por otra parte, de su buen funcionamiento depende el correcto comportamiento fisiológico y motor de todo el cuerpo. También hemos visto antes que contiene dos partes:

- **Sistema nervioso somático**. Esta parte inerva los músculos esqueléticos de todo el cuerpo, de son de carácter voluntario.

- **Sistema nervioso autónomo**. Inerva la musculatura lisa, el músculo cardíaco y las glándulas. En general, controla funciones internas del organismo, que son de carácter involuntario, como el digestivo, el urinario, el iris, la secreción, etc. Dentro del autónomo, encontramos dos partes que realizan las mismas funciones pero de manera antagónica, dependiendo de los órganos y de las condiciones externas e internas de cada momento. Así, un órgano será activado por el simpático e inhibido por el parasimpático, y otro activado por el parasimpático e inhibido por el simpático, y uno y otro serán activados o inhibidos según las condiciones de cada momento.

  - Sistema nervioso autónomo parasimpático: se activa en condiciones de reposo (comer, digestión, orina...). Los nervios salen del encéfalo y de la región sacra de la médula espinal.

  - Sistema nervioso autónomo simpático: se activa en condiciones de actividad física intensa, o de tensión nerviosa alta, aumentando el ritmo cardíaco, disminuyendo la actividad del digestivo, comprimiendo vasos sanguíneos y vísceras, etc. También actúa en reposo manteniendo la temperatura y la presión sanguínea. Los nervios simpáticos surgen de la región torácica y lumbar de la médula y, a diferencia del parasimpático, al salir estos nervios forman unas **cadenas de ganglios simpáticos** paralelos a la médula.

2. LOS ÓRGANOS DE LOS SENTIDOS

Los vertebrados captan información del medio exterior y se relacionan entre ellos mediante los órganos de los sentidos. Son un canal de entrada de estímulos en forma de energía; ésta puede ser química, mecánica, eléctrica... Estos órganos transforman esta energía en impulsos nerviosos, que se transmiten al cerebro.

Los receptores pueden ser cutáneos o internos, quimio, mecano, foto o termorreceptores. Estudiaremos algunos de los más relevantes como son la *quimiorrecepción*, la *fotorrecepción* y la *mecanorrecepción*.

2.1. Quimiorrecepción

Los órganos quimiorreceptores se estimulan ante la presencia de determinadas partículas químicas. Se diferencian según el tipo de partículas que captan y dónde se hallan.

2.1.1. Olfato

Los receptores del olfato están especialmente adaptados a detectar partículas que están en el aire, aunque también pueden incluirse las partículas disueltas en el agua del medio interno donde vive el organismo, como puede ser el agua de mar. Se suele localizar en las fosas nasales o, en su ausencia, en bolsas olfativas. En los vertebrados existe una cierta uniformidad en cuanto a estructura de la placa olfativa, la cual presenta terminaciones nerviosas localizadas en la parte final de la cavidad nasal.

En los diversos grupos de vertebrados vemos las siguientes particularidades:

- Los *ciclóstomos* presentan un solo orificio nasal de entrada, pero internamente está dividido en dos, que corresponde a cada uno de los hemisferios cerebrales rudimentarios que presenta este grupo. Ahora bien, los sacos nasales son independientes a la cavidad bucal.

- *Condríctios* y *osteíctios* presentan un epitelio pseudoestratificado, lo que da una mayor complejidad al sentido del olfato. A excepción de las quimeras, no existe conexión entre los sacos nasales y la boca.

- En los *tetrápodos* es donde el olfato adquiere una mayor complejidad. En anfibios, reptiles y mamíferos puede aparecer, en ocasiones, un órgano llamado **órgano vomeronasal** u **órgano de Jacobson**, que presenta una mayor cantidad de terminaciones nerviosas y que da, por tanto, una mayor percepción de las partículas disueltas en el aire. Es, por ejemplo, típico de las serpientes. Por otra parte, las células sensoriales acaban normalmente en *microvellosidades*, que dan un mayor poder de percepción olfativa.

2.1.2. Gusto

Este órgano se encuentra ubicado en la cavidad bucal, en la lengua, la faringe, la epiglotis o el paladar, según los grupos. En estas zonas existen unas estructuras como forma de seta llamadas **papilas gustativas**, que contienen unas estructuras con abundantes terminaciones nerviosas llamadas **botones gustativos**. Estos botones están especializados en captar un tipo concreto de sabor; así, hay que captan el sabor amargo, otros el ácido, el salado o el dulce.

Si nos fijamos en su evolución dentro de los vertebrados, vemos las siguientes particularidades:
- En los *vertebrados inferiores* (peces, anfibios, reptiles) vemos que los botones gustativos se encuentran dispersos por toda la cavidad bucal, así como en las barbillas peribucales y la epidermis de las aletas pectorales. En algunas especies, como los siluros y las carpas, también se encuentran botones en el tronco y la cola, debido a sus hábitos de vida en los fondos de ríos y lagos, donde buscan su alimento.

- Las *aves* presentan abundantes botones en la faringe, pero también tienen en la cavidad bucal. En la lengua presentan botones sólo aquéllas especies en que esta es carnosa, como en los psitaciformes (loros y afines).

- En los *mamíferos* se encuentra el mayor grado de desarrollo en este sentido. Así, los botones se encuentran reunidos en papilas gustativas, que pueden ser de diferente forma y estar ubicadas en lugares diversos. Existe, además, una importante relación entre los sentidos del gusto y el olfato, que se favorece por existir una conexión entre la cavidad bucal y las fosas nasales.

2.1.3. Otros quimiorreceptores

Aunque el olfato y el gusto son los receptores químicos más importantes, existen otros quimiorreceptores que pasan más desapercibidos. Uno de ellos es el **corpúsculo intercarotídeo**, que se encuentra en la arteria carótida. Este órgano está formado por un conjunto de neuronas modificadas que detectan los cambios de concentración de oxígeno y dióxido de carbono de la sangre, cuya información se envía al cerebro y se utiliza para regular la respiración y el bombeo de corazón.

2.2. Fotorrecepción

Los órganos fotorreceptores se estimulan por la presencia de luz. Son los ojos típicos, aunque también pueden existir otros órganos que se estimulen con estas radiaciones.

Dentro del ojo, las células que se estimulan ante las radiaciones luminosas son los conos y los bastones. Los **conos** son células nerviosas modificadas que contienen pigmentos que captan diferentes tipos de luz: *azul, roja, verde* o *ultravioleta* (en aves, por ejemplo); cada cono se caracteriza en captar un tipo de luz. Los **bastones**, en cambio, captan intensidad lumínica lo que da, entre otras cosas, la visión en la oscuridad.

Un ojo típico de vertebrado está compuesto por varias partes:

- la **esclerótica**, una membrana más o menos rígida que rodea al ojo por fuera,

- la **córnea** es una membrana transparente que cubre al ojo en su parte anterior, y que es continuación de la esclerótica.

- la **coroides** o *capa media*, que se encuentra a continuación de la esclerótica y contiene a los vasos sanguíneos que rodea al ojo,

- la **retina**, que se encuentra a continuación de la anterior y contiene los conos y los bastones. Dentro de la retina, existe una zona central que solamente presenta conos, que le da una gran agudeza de visión; esta zona se llama **fóvea**.

- el **iris** es una membrana que presenta diversos colores y que puede abrirse o cerrarse, regulando así la entrada de luz. Estos movimientos se llevan a cabo por la acción de los músculos ciliares del ojo. Puede presentar morfologías características de cada grupo o especie.

- la **pupila** es el agujero que deja el iris en su parte central y que deja pasar la luz.

- el **cristalino** es una lente que sirve para enfocar el objeto que se está observando.

- entre la córnea y el cristalino se encuentra un líquido que se llama **humor acuoso**, mientras que dentro del ojo hay otro líquido llamado **humor vítreo**.

- Por otra parte, el ojo está irrigado por una arteria y una vena, que entran junto al **nervio óptico** por la parte posterior del globo ocular.

Aparte de estos componentes, el ojo puede estar acompañado de otros componentes que protegen y ayudan a la visión, como pueden ser:

- **Párpados.** Son unas membranas que se abren y se cierran y cuya misión es lubricar y proteger el ojo. En anuros, reptiles y aves, los párpados se desplazan hacia la parte inferior del ojo cuando se abren. Los mamíferos tienen la particularidad de presentar estas membranas recubiertas, además, por piel.

- **Pestañas.** Solamente las presentan los mamíferos, y su función es la de proteger del sudor y del agua.

- **Membrana nictitante**. Es una especie de tercer párpado típico de las aves, aunque también lo presentan anuros y algunos mamíferos.

A parte del ojo típico, existen otros fotorreceptores como son los **receptores de infrarrojo**s de algunas serpientes, o los **termorreceptores** que presentan los murciélagos vampiro en el hocico y otros vertebrados en la piel.

2.3. Mecanorrecepción

Los órganos mecanorreceptores son aquéllos que se estimulan por la presencia de esfuerzos mecánicos. En concreto, pueden ser sensibles al tacto, a la presión, al estiramiento, al sonido, las vibraciones, la gravedad... Vamos a ver, a continuación, los más característicos.

2.3.1. El tacto y el dolor
A lo largo de la superficie del cuerpo, muchos vertebrados presentan receptores que perciben sensaciones de contacto y dolor. En la dermis de la piel, por ejemplo, muchos vertebrados tienen corpúsculos de Pacini, que detectan el tacto y la presión, y que son de adaptación rápida.

Alrededor de las raíces de los pelos de los mamíferos, existen unos receptores que captan los movimientos de éstos, creando una gran sensibilidad que llega a su extremo en los pelos faciales de muchos roedores, felinos y otros muchos.

2.3.2. Propiorreceptores
Los propioceptores son parecidos a los receptores anteriores, con la única diferencia de que son internos. Se encuentran distribuidos en lugares concretos de músculos y articulaciones, y se encargan de captar los cambios de tensión de éstos, evitando así los sobreesfuerzos.

2.3.3. La línea lateral de los peces
Este órgano, específico de los peces y algunos anfibios, detecta las vibraciones y corrientes de agua que se producen alrededor del organismo en cuestión. También sirve para detectar obstáculos y presas.

Está compuesto por un canal interno que contiene las células receptoras. Este canal está conectado con el exterior por medio de orificios que dejan pasar las vibraciones del agua hacia el interior.

2.3.4. El oído
Es un órgano que detecta las ondas sonoras. Un oído típico está formado por varios elementos: un **pabellón auditivo** (la oreja), un **conducto auditivo interno**, el **tímpano**, que recoge las vibraciones del aire, una **cadena de huesecillos** que transmiten las vibraciones hacia el interior (*martillo, yunque y estribo*) y la **cóclea**, que recibe las vibraciones y las transmite al **nervio coclear** que transmitirá la información al cerebro.

Con respecto a la evolución de este órgano en los diversos grupos de vertebrados, podemos decir que la cóclea, como tal, no aparece hasta los mamíferos, si bien en grupos, como las aves, existe un esbozo, la **lagena**. Los peces carecen de oído medio. Anfibios, reptiles y aves tienen un único huesecillo, el estribo (o también llamado columela en estos grupos). En mamíferos es cuando aparecen los tres huesecillos típicos del oído medio, así como el pabellón auditivo externo.

2.3.5. Órganos del equilibrio

Este órgano se origina y evoluciona en relación con el oído en vertebrados. Es lo que se conoce como el laberinto, que consta de dos cámaras, el **sáculo** y el **utrículo**, y tres **canales semicirculares**. El sáculo y el utrículo dan información sobre el equilibrio estático (posición de la cabeza, extremidades y cuerpo en general...). Los canales semicirculares, en cambio, dan información sobre la aceleración rotatoria. Para ello, se disponen perpendicularmente entre ellos en las tres dimensiones del espacio. En su interior contienen endolinfa y en la base de cada uno de ellos existe una ampolla que contiene células pilosas que detectan el movimiento de la endolinfa cuando ésta se mueve. La información de cada ampolla es enviada al cerebro, que las integra y obtiene información sobre la posición en el espacio del individuo.

La evolución de los órganos del equilibrio es de forma progresiva, como se puede apreciar en los diversos grupos de vertebrados:

- En *ciclóstomos* existe un único canal semicircular en mixines y dos en lampreas, pero poco desarrollados, pero aún no hay ni sáculo ni utrículo.

- En *peces* y *anfibios* hay ya tres canales y aparecen el sáculo y el utrículo.

- Las aves presentan los tres canales y el sáculo, mientras que el utrículo se alarga y forma la lagena típica de las aves.

- En mamíferos, finalmente, tienen los tres canales, una mácula y la cóclea, que se ha originado por alargamiento y enrollado de la lagena.

3. EL SISTEMA ENDOCRINO

El sistema endocrino es un sistema de integración de los vertebrados. Controla las actividades corporales por medio de **hormonas**, que son compuestos químicos que se liberan en concentraciones bajas en la sangre y que se dirigen hasta una célula diana.

Las hormonas son secretadas por **glándulas endocrinas**, que se encuentran dispersas por el cuerpo, y que están bajo control directo del sistema nervioso central, como la hipófisis, o bien controladas indirectamente a través de ésta glándula. Por lo general, son glándulas que no presentan conductos propios y que están bien irrigadas.

A continuación, veremos las más importantes dentro de los vertebrados, que son: la hipófisis, la tiroides y paratiroides, las glándulas suprarrenales, el páncreas, los testículos y los ovarios.

3.1. La hipófisis

La hipófisis, también llamada **pituitaria**, se encuentra bajo el hipotálamo, albergada en una zona del cráneo llamada **silla turca**. Consta de tres partes, cada una de las cuales secreta una serie de hormonas, de las que destacamos algunas de ellas:

LÓBULO ANTERIOR O ADENOHIPÓFISIS

Su secreción está controlada directamente por el hipotálamo, y también por los niveles hormonales que hay en sangre (de las mismas de las que ésta secreta). Esta parte secreta las siguientes hormonas:

- **GH, hormona del crecimiento o somatotropina**. Controla el crecimiento del individuo, siendo de especial importancia durante los estadios juveniles de éste.

- **ACTH o adenocorticotropina**. Estimula la corteza suprarrenal.

- **TSH o tirotropina**, Esta hormona estimula la tiroides.

- **LTH, PRL o prolactina**. Estimula la secreción de leche en las hembras, así como también es responsable del comportamiento paternal de los individuos.

- **LH u hormona luteinizante**. Estimula los testículos y el cuerpo lúteo de los ovarios.

- **FSH u hormona estimulante del folículo**. Estimula la ovulación y la espermatogénesis; también controla la síntesis de estrógenos. Ésta, junto con la LH, se llaman hormonas **gonadotrópicas**, pues actúan sobre las gónadas.

LÓBULO MEDIO

Produce una hormona llamada **MSH** u **hormona estimulante de los melanocitos**, que se encargan de dar color a la piel.

LÓBULO POSTERIOR O NEUROHIPÓFISIS

Esta parte produce dos hormonas importantes:

- **Oxitocina**. Controla la eyección de leche durante de las hembras y aumenta las contracciones del útero durante el parto.

- **Vasopresina o ADH**. Esta hormona se encarga de aumentar la reabsorción renal, por lo que interviene de manera muy decisiva en la osmorregulación del cuerpo.

Respecto a la evolución de esta glándula en los vertebrados, hemos de decir que esta estructura es bastante homogénea en los diversos grupos, aunque con producción de hormonas y funciones algo diferentes, según las formas de vida de cada uno. En algunos, como en condríctios y osteíctios, aparece la **urófisis** en la región caudal de la médula espinal, que sería análoga a la hipófisis y regularía, además, el equilibrio hidrosalino en estos animales.

3.2. La tiroides

La tiroides es una glándula que se encuentra en el cuello, cerca de la faringe. Presenta una estructura folicular en la que se sintetizan y almacena hormonas. Produce dos hormonas principales:

- **Tiroxina**. Esta hormona aumenta el metabolismo oxidativo y favorece el crecimiento.

- **Calcitonina**. Controla los niveles de calcio en sangre.

La evolución de esta glándula en los vertebrados es muy significativa:

- En los *peces* ya la encontramos en los primeros estadios del desarrollo, y es impar en elasmobranquios y par en teleósteos.

- Los *anfibios* presentan una glándula tiroides a cada lado de la región traqueal, y su papel es muy importante durante la metamorfosis.

- En *reptiles* es par, menos en los saurios que es impar pero bilobulada. Se encuentra ventralmente situada en los saurios y en una posición más posterior en el resto.

- En *aves* se encuentra a ambos lados de la tráquea.

- En *mamíferos* se encuentra una única glándula tiroides bilobulada, y en una posición ventral a la tráquea.

3.3. La paratiroides

Esta glándula tiene una gran relación con la tiroides, en cuanto a localización y función. Se encuentra, generalmente, cerca de ella o bien incluida dentro. Produce la **parathormona**, que regula el metabolismo del ión calcio, mediante su reabsorción renal, así como la excreción de fósforo.

Aparece en primer lugar en *anfibios*. En *reptiles* forma dos pares en la región del cuello y posteriormente a la tiroides. En *aves* solamente hay dos pequeñas masas por detrás de la tiroides, mientras que en los *mamíferos* encontramos dos o tres, generalmente, y cuatro en humanos.

3.4. Las glándulas suprarrenales

Se trata de unas glándulas que se encuentran sobre los riñones. Están formadas por dos tipos de glándulas no relacionadas entre ellas, que constituyen dos partes diferentes en estas glándulas: la **corteza suprarrenal**, en la parte superior, y la **médula suprarrenal**, en el interior. Producen tres hormonas muy importantes:

- **Corticosteroides**. Se produce en la corteza. Regula el metabolismo de los glúcidos, grasas e hidratos de carbono.

- **Aldosterona**. Se produce también en la corteza. Facilita la retención de sodio en el riñón y la eliminación de potasio.

- **Adrenalina**. Se produce en la médula suprarrenal. Prepara al organismo para hacer frente a situaciones límite como la huída, lucha y miedo, aumentando la concentración de glucosa en sangre y el ritmo cardíaco.

Veamos cómo son estas glándulas en los distintos vertebrados:

- En los *peces* encontramos estas glándulas dispuestas entre los riñones y a lo largo de los principales vasos sanguíneos, en forma de tejidos más o menos dispersos, en osteíctios, o de glándulas más definidas en tiburones. La corteza y la médula no están separadas.

- En *anfibios* aparecen los dos componentes asociados pero distinguibles uno del otro.

- En *aves* son de color amarillo y se encuentran a ambos lados de la vena cava posterior, justo antes de los riñones y cerca de las gónadas; en este grupo, ambos componentes están estrechamente entrelazados.

- En *mamíferos* se sitúan encima de los riñones, y se distinguen perfectamente la corteza de la médula.

3.5. El páncreas

Esta glándula es un órgano tanto endocrino como exocrino produciendo el jugo pancreático. La parte endocrina está compuesta por grupos de células que se reúnen en los llamados **islotes de Langerhans** y producen dos tipos de hormonas:

- **Insulina**. Es producida por las células beta de los islotes de Langerhans, y produce un aumento de la permeabilidad de las células a la glucosa, lo que hace que disminuya su concentración en sangre.

- **Glucagón**. La produce las células alfa de los islotes, y tiene una función antagónica a la insulina.

En los *peces*, el páncreas está bastante difuso. Existen algunos islotes, pero son poco numerosos. En teleósteos llegan a formas masas importantes. En los *tetrápodos* el páncreas está mejor definido y tiene los islotes diseminados dentro de él; lleva a cabo unas funciones parecidas en todos los grupos.

3.6. Los testículos

Los testículos, aparte de producir células sexuales, producen algunas hormonas sexuales. Así, las *células de Leydig*, que se encuentran dispersas entre los tubos seminíferos, producen **testosterona**, que es una hormona típica masculina que incrementa el metabolismo celular, regula a espermatogénesis e interviene en la aparición de los caracteres sexuales primarios y secundarios en los hombres. La producción de estas hormona viene controlada por una hormona hipofisaria, la LH.

En términos generales, el tejido que produce esta hormona, no está bien en vertebrados inferiores, aunque se sabe que los aparatos sexuales masculinos producen esta hormona u otras con semejantes funciones.

3.7. Los ovarios

En las hembras de los vertebrados se producen dos hormonas:

- **Estrógenos**. Esta hormona se producen en las células del folículo del ovario. Su función es incrementar el metabolismo celular, generar los caracteres sexuales secundarios en las hembras. Su producción está controlada por la FSH de la hipófisis.

- **Progesterona**. Se produce en el cuerpo lúteo, una vez el óvulo haya abandonado el folículo. Tiene como función incrementar la secreción de los oviductos, hace crecer las paredes del útero..., todo ello para preparar al útero para recibir el óvulo. Está controlada por la LH.

La presencia de estas hormonas en los diferentes grupos de vertebrados está mejor conocidas y es más visible su forma y lugar de producción, que en el caso de las hormonas masculinas, sobre todo en los vertebrados que presentan algún tipo de gestación.

Así, en los elasmobranquios vivíparos encontramos ya algo parecido a lo que serán los cuerpos lúteos. En los sapos machos existe una estructura especial, el *órgano de Bidder*, que se transforma en ovario y produce estrógenos si se extirpan los testículos. En aves sólo el ovario izquierdo es funcional, con algo parecido a un cuerpo lúteo. Mientras que en los mamíferos es cuando aparece claramente ya la progesterona como tal, presentando, además, todos los otros tipos hormonales que hemos visto.

4. CONCLUSIÓN

Para acabar, y a modo de resumen, podemos decir que el grupo de los vertebrados presenta una gran complejidad en sus sistemas nervioso y endocrino. Esto es fruto del gran desarrollo que han sufrido las relaciones entre organismos de la misma especie y las relaciones de estos organismos con el medio que les rodea.

Cuando queremos conocer un poco más sobre las estructuras que presentan los diversos grupos de vertebrados, nos damos cuenta de la gran diversidad que presentan, y esto nos hace pensar en la compleja historia evolutiva que han debido de sufrir hasta llegar a las estructuras que observamos hoy día en ellos.

Bibliografía útil:

BARNES, S. y CURTIS, E. (2006) "Biología", 6ª edición. Ed. Panamericana.

HICKMAN, C. y otros (2006) "Principios integrales de zoología", 13ª edición. Ed. McGraw-Hill.

KARDONG, K.V. (1997) "Vertebrados: anatomía comparada, función, evolución". 2ª edición. Ed. McGraw-Hill/Interamericana.

TEMA 45

ÓRGANOS Y FUNCIONES DE REPRODUCCIÓN EN LOS VERTEBRADOS.

0. INTRODUCCIÓN

En este tema vamos a estudiar los órganos y las funciones de reproducción de los vertebrados, que incluye el estudio de los órganos reproductivos masculino y femenino de los vertebrados, así como todo lo referido a apareamiento, gestación y protección post-embrionaria.

Todos los vertebrados vienen de un origen común y, por esta razón, todos van a presentar unas estructuras comunes en estos órganos. Pero, por otra parte, cada uno de ellos se ha adaptado a unas formas de vida propias que van a influir en muchas de sus funciones, como el tipo de fecundación o el cuidad parental que reciban las crías.

Son muchos los aspectos que podemos tratar y muchas las adaptaciones que presentan estos animales, por lo que haremos mención de los aspectos más relevantes que hacen referencia a cada uno de los principales grupos de vertebrados, excusando, por otra parte, la ausencia de determinados aspectos que se podrían haber tratado en este tema.

Para la exposición de este tema seguiré el siguiente orden... (es muy conveniente exponer con claridad, aquí al principio, el orden que se va a seguir, leer el índice de una forma ágil).

1

1. LA REPRODUCCIÓN EN LOS VERTEBRADOS

La reproducción es una parte clave dentro del ciclo vital de los animales. En vertebrados, la reproducción es sexual, con individuos dioicos. No obstante, pueden darse casos de reproducción asexual y hermafroditismo en algunos grupos, aunque no es lo normal.

Así, se producen dos tipos de gametos:

- **Óvulos**. Son los gametos femeninos, y se producen en los ovarios.

- **Espermatozoides.** Son los gametos masculinos y se producen en los testículos.

Tras el apareamiento, se produce la fecundación, que puede ser interna o externa. La interna es mucho más compleja y requiere de comportamientos y estructuras más complejos. Así, podemos encontrar diversos momentos dentro de la reproducción de un vertebrado: la *cópula*, la *gestación*, la *incubación*... dependiendo de los grupos.

Vamos a ver, en primer lugar, los *órganos de reproducción* de los vertebrados con las particularidades que pueda presentar cada grupo y, a continuación, las *funciones de reproducción* más relevantes, si bien, y a diferencia de las estructuras, son muy distintas según los grupos que tratemos.

2. ÓRGANOS DE REPRODUCCIÓN EN LOS VERTEBRADOS

En este primer apartado nos vamos a centrar en estudio de los órganos reproductores masculino y femenino de los vertebrados. Ambos aparatos tienen un origen común, y no se diferencian hasta bien avanzado el desarrollo del embrión. En ocasiones, esta diferenciación no se lleva a cabo, incluso, hasta después del nacimiento. Su desarrollo embrionario se lleva a cabo asociado íntimamente al aparato urinario, del cual se va separando poco a poco. No obstante, en muchos grupos queda una importante relación, si bien de los conductos excretores, entre estos dos aparatos.

Vamos a ver, en primer lugar cómo es el aparato masculino en los diferentes grupos y, a continuación, cómo es el femenino.

2.1. Anatomía comparada del aparato reproductor masculino

El aparato reproductor de los vertebrados, si bien presentan muchas características comunes, no es menos cierto que las diferencias son bastantes apreciables entre grupos. Por esta razón, vamos a estudiar este aparato fijándonos en cada grupo de vertebrados para así poder resaltar las características particulares de cada uno de ellos.

PECES
En los peces encontramos gran diversidad por lo que hace referencia al aparato reproductor masculino.

- **Cicióstomos.** En lampreas y mixines vemos que el sexo se determina después del nacimiento, concretamente durante la metamorfosis. Las gónadas masculinas son impares debido a que se han fusionado. Los cordones germinales embrionarios, de los que se surgen los aparatos reproductores, se transforman en formaciones ampulares semiesféricas, con células germinales y *células de Sertoli* que acompañan a las primeras y las nutren.

- **Seláceos**. En los tiburones las gónadas masculinas son alargadas y pares, aunque pueden unirse en su parte caudal. Se encuentran suspendidos de la pared dorsal por un repliegue peritoneal. Dentro de los testículos se encuentran cavidades tubuloampulares anastomosadas, con células de Sertoli sobre la membrana basal. Muchos seláceos tienen fecundación interna, y para ello disponen de un órgano copulador llamado **pterigopodio**, que deriva de las aletas pelvianas, las cuales forman un semisurco que actúa como canal de transmisión del semen.

- **Teleósteos**. En estos peces no existe conexión entre el testículo y el riñón. El canal deferente, que transporta los espermatozoides, se abre directamente al exterior, entre el ano y el uréter. No obstante, existen excepciones, como por ejemplo en salmónidos y anguilas, en los cuales se expulsan directamente a la cavidad celómica y de aquí al exterior, o en dipnoos, en el que el tubo deferente conecta con el uréter.

ANFIBIOS

Los anfibios presentan dos testículos, menos alargados que en los peces, con forma ovoide, y que están unidos a los riñones por medio de una lámina mesentérica. Existen tubos seminíferos largos, que se reúnen en los conductos eferentes, y éstos a los conductos mesonéfricos, mediante los cuales se dirigen los productos sexuales hacia el exterior.

En algunos urodelos (salamandras) se forman **espermatóforos**, que son unas estructuras que se forman en la cloaca y que contienen espermatozoides. Los espermatóforos son depositados por el macho en el exterior y, posteriormente, las hembras los recogen.

En anuros (sapos y ranas) existe el llamado **órgano de Bidder**, que es una especie de ovario abortivo que se encuentra exteriormente a los testículos pero pegado a éstos, y que posee ovogonias que no llegan a madurar.

REPTILES

Los reptiles presentan un testículo ovoide, menos en ofidios, que es alargado. La capa que rodea a los testículos, la albugínea, presenta una prolongación que sirve de inserción en la pared dorsal de la cavidad visceral.

Los túbulos seminíferos presentan dos estadios: durante la época de letargo don cortos y delgados, y presentan células germinales indiferenciadas; en cambio, en la época de apareamiento, aumentan de longitud y grosor, y las células germinativas se multiplican y dan lugar a los espermatozoides. Los túbulos seminíferos se recogen en los tubos colectores de la retetestis y, de aquí, pasan a los túbulos eferentes y a la cloaca.

En ofidios y escamosos existe el hemipenis, que es una estructura formada por un cuerpo cavernoso, de origen cloacal y que se utiliza como órgano copulador.

AVES

Las aves, al igual que los reptiles, presentan dos fases reproductivas: una de inactividad testicular y otra de hipertrofia durante la época reproductiva.

Los túbulos seminíferos desembocan en la rete testis, y de aquí van a parar a los conductos eferentes y salen, finalmente, por la cloaca. Cerca de los conductos eferentes puede existir ya una vesícula seminal rudimentaria.

El apareamiento se realiza, en la mayoría de los casos, por *contacto cloacal*, pero en los grupos más primitivos existe una especie de pene que ayuda en la copulación.

MAMÍFEROS

Los mamíferos son el grupo que presenta los testículos más complejos. En general, su carácter de homeotermos obliga a los testículos a abandonar la cavidad abdominal. Esto no pasa, por ejemplo, en grupos comunes como insectívoros, perezosos, ballenas... En otros grupos, como en los roedores, solamente salen fuera de la cavidad abdominal durante la época de celo.

Un testículo presenta las siguientes partes:

- **Testículo.** Está compuesto por una gran cantidad de túbulos seminíferos que contienen las espermatogonias, que son las células madre de los espermatozoides. Los túbulos forman extensas redes que se unen y anastomosan a la salida del testículo, en la llamada **rete testis**. De aquí salen de nuevo conductos que se reúnen en el **epidídimo.** Todo el testículo está rodeado por el **escroto**, que es una evaginación del tegumento de la cavidad celómica y que es equivalente a los labios vaginales de las hembras.

- **Conducto deferente.** Es un conducto único que sale del epidídimo y lleva los espermatozoides hasta el pene. Durante su recorrido, vierten en él varias glándulas como la **vesícula seminal**, la **próstata** y la **glándula bulbouretral**, que producen diversas sustancias que activan a los espermatozoides y ayudan a la eyaculación del semen. El final de este conducto, y después de haber vertidos las glándulas sus productos en él, se llama ya **conducto eyaculador**, al cual se le ha unido, también, la uretra proveniente del aparato urinario. Así, semen y orina salen, en los machos, por el mismo conducto al exterior.

- **Pene.** Es una estructura que permite la fecundación interna, típica de los mamíferos. Está formado por dos **cuerpos cavernosos** y un **cuerpo esponjoso**, que actúan como tejido eréctil y que facilita las funciones reproductivas. En algunos grupos, además, se desarrolla un **hueso peneano**, que facilita la cópula. Esto pasa, por ejemplo, en carnívoros, roedores y quirópteros. En su extremo distal se encuentra el **glande**, que es una estructura formada solamente por cuerpo cavernoso y que dispone de numerosas terminaciones nerviosas que estimulan el proceso reproductivo.

Entre los tubos seminíferos encontramos *células de Leydig*, que producen hormonas, como la testosterona, que regulan acciones como la espermatogénesis o la aparición de los caracteres sexuales.

2.2. Anatomía comparada del aparato reproductor femenino

El aparato reproductor femenino de los vertebrados se encarga de producir los óvulos y las cubiertas protectoras de éstos. También nutre y protege a los embriones en el caso de que la gestación sea interna. Veamos las características principales de los diferentes grupos.

PECES
La mayoría de los animales de este grupo producen huevos que se fecundan fuera del cuerpo materno. No obstante, existen casos de fecundación interna, como en muchos seláceos, e incluso, de gestación, de modo que las crías nacen vivas, y no dentro de un huevo.

- **Ciclóstomos.** Algunos, como el género *Myxine*, presentan un ovario que puede actuar también como testículo; en cambio, el género *Bdellostoma* tiene sexos separados. En cambio, las lampreas tiene un ovario simple, que se forma por fusión de dos. Presentan folículos que liberan óvulos a la cavidad celómica y, de aquí, salen al exterior.

- **Seláceos.** Este grupo solamente presenta el ovario derecho, que se sitúa en la parte dorsal de la cavidad abdominal y que presenta gran cantidad de capilares y células nutricias. En la parte cortical se observa gran cantidad de folículos y células nutricias. El óvulo tiene un tamaño más bien grande debido a la acumulación de vitelo; además presenta una teca conjuntiva que lo recubre y protege. Los oviductos (el funcional y el vestigial) se unen en parte anterior para formar un **embudo tubárico** con células ciliadas que captan los óvulos liberados por el ovario. Después los oviductos se dilatan y forman una cavidad ampular donde se fecunda el óvulo y, posteriormente, se recubre

4

de una mucoproteína. Finalmente, se forma la cáscara en las **glándulas nidamentarias**. Dependiendo de las especies, el huevo puede eclosionar dentro de la cavidad celómica (especies *vivíparas*), o bien en el exterior (*ovíparas*). Existen algunas especies que, incluso, forman algo parecido a una placenta, que les permite llevar a cabo una especie de gestación interna (*ovovivíparas*).

- **Teleósteos**. Presenta un ovario con una cavidad interna, con el epitelio germinal que la reviste interiormente y que presenta gran cantidad de pliegues que incrementa la superficie activa. Esta cavidad se forma por el repliegue del ovario, y contacta directamente con el oviducto, evitando así que se pierdan huevos en el celoma. Los dos oviductos se reúnen en uno, que vierte en el orificio genital, que está entre el urinario (detrás) y el anal (delante). No obstante, existen especies que siguen teniendo embudo y otras que, incluso, vierte los óvulos en la cavidad celómica.

ANFIBIOS

En anfibios existen diferencias entre urodelos y anuros. Lo urodelos presentan un ovario alargado anclado en la pared dorsal de la cavidad visceral, y con una cavidad en su interior. Los oviductos son simples, con embudo ciliado que acaba desembocando en la cloaca cada uno por separado.

Los anuros, por su parte, tienen ovarios lobulados, con epitelio germinal con gran cantidad de pliegues y de folículos. Alrededor del óvulo existe una monocapa de células que lo nutren. El óvulo se carga de vitelo y es expulsado a la cavidad celómica. Los oviductos son largos y replegados, con un embudo ciliado que capta los óvulos de la cavidad celómica. Éste se ensancha en la parte final, llamado **ovisaco**, donde se almacenan los huevos y se recubren de una cubierta gelatinosa. Los ovisacos desembocan independientemente a la cloaca.

REPTILES

Los reptiles presentan ovarios voluminosos, en la parte posterior de la cavidad visceral. Presentan menor producción ovular que peces y anfibios. Los folículos presentan una teca folicular externa mejor definida que en peces, que está, además, recubierta por varias capas de células nutricias.

Los óvulos pasan a la cavidad celómica y de aquí al oviducto a través de un embudo ciliado. Aquí existen glándulas que segregan albúmina de la cubierta ovular interna; después pasa una zona sin glándulas y, finalmente, llega a una dilatación con glándulas de la cubierta ovular externa que forman la *cáscara*.

La mayoría de especies de este grupo son ovíparas, pero existen algunas que son vivíparas. Estas no presentan placenta, sino que tienen un líquido que baña al embrión. También existen algunas especies ovovivíparas, pero son mucho menos frecuentes.

AVES

En las aves solamente se desarrolla el ovario izquierdo; el izquierdo queda como una especie de testículo que es inhibido por el ovario. El ovario tiene una forma multilobulada y grande cuando está activo, mientras que cuando está inactivo reduce su tamaño considerablemente.

Los óvulos son recogidos por una ampolla tubárica del oviducto, que es muy largo. En la primera parte de éste existen glándulas que segregan el albumen. A continuación, el huevo rota y se coloca con el extremo más estrecho orientado hacia la cloaca; luego sigue una parte sin glándulas y, al final, se produce un ensanchamiento, el útero, que tiene glándulas que segregan la cáscara del huevo, antes de salir al exterior.

MAMÍFEROS

Las hembras de los mamíferos presentan un óvulo macizo e intraabdominal. El *ciclo ovular* es complejo y presenta varias etapas en la maduración del óvulo:

- **Folículo primario**. En esta primera etapa encontramos una capa de células nutricia, llamadas **células de la granulosa**, que recubre el óvulo inmaduro, y una **capa pelúcida** entre el óvulo y las células de la granulosa o folicualres.

- **Folículo maduro**. Cuando el óvulo ha madurado, se crea un espacio entre el óvulo y las células foliculares, que se llena de líquido. Esto lleva, finalmente, a su rotura y a la liberación del óvulo. Éste sale a la cavidad abdominal, donde es recogido por las fimbrías de la **trompa de Falopio**. A continuación, se produce la fecundación y el zigoto se implanta en el útero, donde tendrá lugar el desarrollo embrionario posterior.

- **Cuerpo lúteo**. El hueco que queda en el folículo tras la liberación del óvulo se llena de sangre y se forma el cuerpo lúteo. Esta nueva estructura produce progesterona, que es una hormona que intervendrá en la nidación ovular y en el desarrollo de la placenta del embrión. Si no existe ovulación, el cuerpo lúteo se degenera y forma una estructura llamada **cuerpo albicans**.

El útero presenta una capa externa llamada **endometrio**, formada por una dermis mucosa más glándulas que llegan hasta la capa mucosa sobre la que se asienta, llamada **miometrio**. El endometrio presenta ciclos: cuando se produce la ovulación, el endometrio aumenta de grosor y produce gran cantidad de secreciones. Si no se produce la implantación del óvulo, parte de su superficie superior se desprende y se expulsa al exterior. Esto se conoce como **menstruación**.

3. FUNCIONES DE REPRODUCCIÓN EN LOS VERTEBRADOS

En este último apartado vamos a ver algunas de las funciones más características que se llevan a cabo en la reproducción de los vertebrados.

3.1. El cortejo

El cortejo puede considerarse como un sistema de comunicación heterosexual. Cuando se produce, existe un reconocimiento mutuo entre ambos sexos, que implica un cambio de conducta y una serie de comportamientos que van encaminados a creación de lazos, tanto para el momento de la reproducción, como para el posterior cuidado parental.

Por otra parte, el cortejo también es también un medio de alcanzar el llamado **clímax** reproductivo, que tiene una importancia vital, sobretodo en especies de reproducción interna, donde se han de dar unas condiciones y posturas determinadas.

El cortejo también permite reconocer a los individuos que son sexualmente maduros, o bien, a los individuos maduros que son fértiles en ese momento. Esto se debe a que las especies presentan un ciclo reproductivo con momentos en que son fértiles, llamados **estros**, y otros en los que no; así, podemos tener especies monoéstricas, biéstricas... De aquí viene el concepto de **ciclo estral**, o **ciclo menstrual**, que es cuando la hembra se está receptiva para el macho, y **menstruación**, que coincide cuando se desprende la parte superior del endometrio, al final del ciclo.

El cortejo, en los distintos grupos de vertebrados, se lleva a cabo de modos muy diversos que dependerán, entre otras cosas, del tipo de fecundación, interno o externa, del cuidado parental que se lleve a cabo a posteriori, etc.

PECES

Los peces que son pelágicos presentan un cortejo poco desarrollado, debido a que muchos de ellos viven en cardúmenes, donde se expulsan los gametos simultáneamente. Así, existen momentos en que todos los individuos están maduros y expulsan los óvulos y espermatozoides al exterior y tiene lugar la fecundación externa.

Los peces bentónicos, por el contrario, suelen presentar un cortejo más desarrollado. Esto se manifiesta en aspectos como la coloración de los cuerpos (especialmente de los machos), la construcción de nidos, el cuidado de la prole, etc.

ANFIBIOS
Estos vertebrados ya comienzan a tener un cortejo más desarrollado y más generalizado en todo el grupo. Así, la mayoría de los urodelos suelen presenta coloraciones y crestas característicos, especialmente durante la época de celo. Los anuros, por su parte, se caracterizan por tener un **aparato fonador** que sirve como elemento utilizado para el reclamo de las hembras, así como para marcar el territorio y el estatus entre los machos.

REPTILES
Muchos reptiles presentan una serie de movimientos estereotipados que preceden el apareamiento. Otros, como los ofidios, utilizan estímulos químicos que ayudan al cortejo.

AVES Y MAMÍFEROS
En estos dos grupos el cortejo llega a su cumbre, dentro de los vertebrados. En él intervienen estímulos tanto sonoros, como visuales, táctiles y olorosos (sobre todo en los mamíferos). Todo ello va encaminado a la creación de lazos que ayudarán, posteriormente, al cuidado de la prole.

3.2. El huevo
El óvulo de los vertebrados es bastante complejo añadiéndose, en muchos casos, nuevas capas y cubiertas que forman una estructura mayor llamada huevo. Dependiendo de los grupos, este huevo tendrá unas u otras estructuras aunque, como veremos a continuación, sigue unas pautas generales en todos los grupos.

PECES Y ANFIBIOS
Los peces y los anfibios son animales anamniotas, es decir, que el embrión no está presenta el amnios, que es una membrana de protección.

Los huevos tienen poco vitelo, poca protección y son muy abundantes. Al tener poco vitelo, la eclosión es rápida, lo que da lugar a la formación de una fase larvaria que evita, por otra parte, la competencia con los adultos por el alimento. Esto va asociado a una fecundación externa que evita, por otro lado, el gasto en estructuras de copulación.

Los condrictios, por su lado, suelen presentar un huevo con capas más duras que lo protege; esta mayor protección obliga, sin embargo, a tener fecundación interna, que se produzca antes de generar estas capas protectoras.

Los anfibios tienen estructuras del huevo muy parecidas a las de los peces pero, a diferencia de éstos, presentan un mayor cuidado parental postnatal.

REPTILES, AVES y MAMÍFEROS
Estos tres grupos son ya **amniotas**. Esto quiere decir que el huevo presenta una nueva membrana, que no tenían los grupos anteriores, y que proporciona una cavidad donde flota el embrión.

Un huevo amniótico genérico presenta cuatro membranas típicas; todas ellas son *membranas extraembrionarias*, por lo que se desechan una vez se ha completado el desarrollo embrionario. Estas membranas generarán un ambiente idóneo para el desarrollo del embrión en un ambiente aéreo, que van a evitar, entre otras cosas, su desecación, lo que le permitirá sobrevivir en un ambiente aéreo hasta el momento de la eclosión. Estas membranas son, de más interna a más externa:

- El **saco vitelino**, también presenta en peces y anfibios.
- El **amnios**, que envuelve el embrión.
- El **alantoides**, que sirve como depósito de desechos y como superficie respiratoria.
- El **corion**, que es una membrana que envuelve todo el sistema embrionario.

Conforme aumente el tamaño del embrión, el corion y el alantoides se fusionan para formar la membrana corioalantoidea, que suministra oxígeno al embrión.

Por otra parte, la presencia en este huevo de gran cantidad de vitelo, contenido dentro del saco vitelino, permite que el embrión pueda gestarse durante más tiempo dentro del huevo antes de la eclosión y salga, por consiguiente, más desarrollado.

La presencia de una cubierta dura en este tipo de huevos hace que sea necesaria una fecundación interna, lo que implicará, por consiguiente, la aparición de algún tipo de órgano copulador especializado.

3.3. Fecundación

La fecundación en vertebrados puede ser *interna* o *externa*. La externa se da en organismos de medios acuáticos y, ocasionalmente, en algunos que viven en medios terrestre, pero muy ligados al agua, como pasa en algunas salamandras.

La interna es típica de vertebrados terrestres, que suelen presentar un huevo con cáscara dura que impide la fecundación, o bien suelen llevar a cabo una gestación del embrión en el interior de la madre.

Este tipo de fecundación implica, como hemos visto, una serie de órganos especializados que permitan introducir el semen dentro del cuerpo materno. Para ello puede darse una cópula por medio de órganos copuladores, como el pene; también puede darse por contacto cloacal, como en muchas aves, o bien por medio de **espermatóforos**. Éstas son unas estructuras que fabrica el macho y que contienen los espermatozoides; se depositan en el sustrato y son recogidas por la hembra, que las introduce dentro del útero.

3.4. La placenta

La placenta es un órgano que aparece solamente en vertebrados que llevan a cabo una gestación interna. Se trata de un órgano mediador entre el embrión y la madre, por medio del cual se nutre el embrión y que permite un crecimiento hasta estadios de desarrollo bastante avanzados.

El origen de la placenta es distinto dependiendo del grupo en que la encontremos. Veámoslo rápidamente.

SELÁCEOS VIVÍPAROS

Aunque es raro en peces, en algunas especies de tiburones el huevo eclosiona antes de salir al exterior, y se continúa el crecimiento y desarrollo de las crías dentro del cuerpo materno por medio de una estructura placentaria. Ésta se origina a partir del saco vitelino, que crece y se repliega sobre la mucosa uterina de la madre, adaptándose a sus sinuosidades y generando una especie de placenta.

REPTILES VIVÍPAROS

La presencia de viviparismo en reptiles también es rara, pero cuando existe se genera algo parecido a una placenta en el vientre materno. Ésta se genera a partir del alantoides, que actúa de intermediario entre el embrión y la madre.

En la pared uterina aumenta la cantidad de vasos sanguíneos y la presencia de glándulas mucosas. También se producen alguna que otra modificación en la membrana del embrión: el alantoides y el corion se acaban uniendo y la albúmina de la clara se acaba reabsorbiendo y desaparece.

MAMÍFEROS

La presencia de placenta en los mamíferos es lo más común, aunque existen grupos que carecen de ella. Ésta se genera a partir del corion, que genera gran cantidad de vellosidades que se adaptan a los pliegues y glándulas de la mucosa uterina.

Generalmente, el alantoides y el corion se fusionan, pero en grupos como los marsupiales y otros mamíferos inferiores, la placenta se forma por fusión del saco vitelino con el corion. También es cierto, que esta estructura puede preceder a la formada por el alantoides y el corion en grupos superiores, pero no pasa esto, por ejemplo, en humanos.

3.5. El cuidado parental

En términos generales, en vertebrados podemos distinguir dos grandes estrategias en cuanto a la reproducción y cuidado parental: los *estrategas de la r*, que tienen descendencia grande, pero con poco cuidado parental; y los *estrategas de la k*, con poca descendencia pero con alto cuidado parental.

Los *peces* no suelen destacar por presentar un gran cuidado parental. No obstante, ocasionalmente, encontramos especies con un cuidado posterior a la eclosión del huevo más o menos importante, como es el caso de los caballitos de mar.

En *anfibios* pasa algo parecido que en los peces: el cuidado parental no es muy importante, a excepción de casos puntuales, como es el conocido caso de algunas especies de ranas arbícolas. Cabe destacar las estrategias de algunas especies de sapos que depositan sus huevos en charcas temporales. Cuando nacen las larvas, aprovechan los recursos de la charca antes de que ésta se seque, como también hacen otras especies que compiten con ellas. Cuando los renacuajos van creciendo y los recursos comienzan a escasear, unos sirven de alimento de sus hermanos, pudiendo llegar así, aunque sean unos pocos, a los estadios adultos.

En *reptiles* tampoco es muy importante el cuidado parental, a excepción de algunos casos como algunas tortugas y caimanes, que construyen nidos y cuidan de su prole tras la eclosión.

Las *aves*, por el contrario, tienen una atención de sus crías en muchos casos desmesurada. Esto les permite que la mayor parte de su descendencia pueda llegar a edades reproductivas. Este cuidado se manifiesta en la construcción de nidos, la incubación de los huevos (por parte de la hembra y/o del macho), alimentación y protección de las crías, etc. Existen dos tipos básicos de aves: las **nidícolas**, con crías que necesitan permanecer un largo tiempo en el nido y dependen del alimento que les proporcionan sus padres en todo momento, y las **nidífugas**, que a las pocas horas de nacer ya abandonan el nido y que, a pesar recibir protección de sus padres, son capaces de alimentarse por sí solas.

Los *mamíferos* representan el culmen por lo que hace referencia al cuidado parental en los vertebrados. Como hemos visto, este grupo se caracteriza por tener una gestación dentro de la madre bastante importante, con la generación de placenta y otras estructuras que protegen el embrión. Además, después del nacimiento, las crías no son abandonadas inmediatamente, sino que reciben leche y protección materna y, en ocasiones, también protección paterna. Algunos grupos, como los marsupiales, tienen una estructura especial, el **marsupio**, que cobija a las crías durante periodos de tiempo bastante prolongados.

4. CONCLUSIÓN

Para acabar, podemos decir que el grupo de los vertebrados ha sufrido un proceso evolutivo muy característico y muy largo, que le ha permitido adaptarse a ambientes muy diversos. Esto se ha notado, también, en las formas y modos de reproducirse que, con más razón aún, se han tenido que adaptar a los ambientes de vida concretos de cada grupo.

Hemos podido solamente algunos aspectos de lo que son los órganos reproductivos de los vertebrados, tanto de los machos como de las hembras, así como algunas de las principales funciones de la reproducción que, aunque llevadas a cabo con el mismo fin (dejar descendencia), tienen concreciones muy diversas en cada una de las especies de vertebrados que viven hoy día en nuestro planeta.

Bibliografía útil:

BARNES, S. y CURTIS, E. (2006) "Biología", 6ª edición. Ed. Panamericana.

HICKMAN, C. y otros (2006) "Principios integrales de zoología", 13ª edición. Ed. McGraw-Hill.

KARDONG, K.V. (1997) "Vertebrados: anatomía comparada, función, evolución". 2ª edición. Ed. McGraw-Hill/Interamericana.

www.ingramcontent.com/pod-product-compliance
Lightning Source LLC
Chambersburg PA
CBHW070919180526
45168CB00005B/2077